『通古察今』系列丛书

王培华　著

元代农业与水利初探

河南人民出版社

图书在版编目（CIP）数据

元代农业与水利初探 ／ 王培华著. — 郑州 ： 河南人民出版社，2019. 12（2024. 5 重印）
（"通古察今"系列丛书）
ISBN 978 - 7 - 215 - 12104 - 1

Ⅰ. ①元… Ⅱ. ①王… Ⅲ. ①农田水利 - 水利史 - 研究 - 中国 - 元代 Ⅳ. ①S279. 2

中国版本图书馆 CIP 数据核字（2019）第 273190 号

河南人民出版社 出版发行

（地址：郑州市郑东新区祥盛街 27 号 邮政编码：450016 电话：0371 - 65788072）
新华书店经销　　　　　　　永清县晔盛亚胶印有限公司印刷
开本　787 毫米 × 1092 毫米　　1/32　　　印张　11.25
字数　162 千字
2019 年 12 月第 1 版　　　　　2024 年 5 月第 2 次印刷

定价：58.00 元

"通古察今"系列丛书编辑委员会

序　言

在北京师范大学的百余年发展历程中，历史学科始终占有重要地位。经过几代人的不懈努力，今天的北京师范大学历史学院业已成为史学研究的重要基地，是国家首批博士学位一级学科授予权单位，拥有国家重点学科、博士后流动站、教育部人文社会科学重点研究基地等一系列学术平台，综合实力居全国高校历史学科前列。目前被列入国家一流大学一流学科建设行列，正在向世界一流学科迈进。在教学方面，历史学院的课程改革、教材编纂、教书育人，都取得了显著的成绩，曾荣获国家教学改革成果一等奖。在科学研究方面，同样取得了令人瞩目的成就，在出版了由白寿彝教授任总主编、被学术界誉为"20世纪中国史学的压轴之作"的多卷本《中国通史》后，一批底蕴深厚、质量高超的学术论著相继问世，如八卷本《中国文化发展史》、二十卷本"中国古代社会和政治研究丛书"、三卷本《清代理学史》、五卷本《历史文化认同与中国统一多民族国家》、二十三卷本《陈垣全集》，以及《历史视野下的中华民族精神》《中西古代历史、史学与理论比较研究》《上博简〈诗论〉研究》等，这些著作皆声誉卓著，在学界产生较大影响，得到同行普遍好评。

除上述著作外，历史学院的教师们潜心学术，以探索精神攻关，又陆续取得了众多具有原创性的成果，在历史学各分支学科的研究上连创佳绩，始终处在学科前沿。为了集中展示历史学院的这些探索性成果，我们组织编写了这套"通古察今"系列丛书。丛书所收著作多以问题为导向，集中解决古今中外历史上值得关注的重要学术问题，篇幅虽小，然问题意识明显，学术视野尤为开阔。希冀它的出版，在促进北京师范大学历史学科更好发展的同时，为学术界乃至全社会贡献一批真正立得住的学术佳作。

当然，作为探索性的系列丛书，不成熟乃至疏漏之处在所难免，还望学界同人不吝赐教。

北京师范大学历史学院
北京师范大学史学理论与史学史研究中心
北京师范大学"通古察今"系列丛书编辑委员会
2019 年 1 月

目 录

前　言

　　我国有几千年农耕传统，传说中的部落首领神农氏，亲尝百草，带领人民刀耕火种，创造耒耜，教民垦荒，种植庄稼，制作陶器和炊具，后人因此将炎帝和黄帝并称"人文初祖"。

　　国家出现后，周人的始祖弃，少时好种树麻、菽，麻、菽美，成年后好耕农，相土地之宜，宜谷者稼穑焉，民皆法则之。帝尧举弃为农师，教民耕种，人民得其利，有功，帝尧封他于武功，号曰"后稷"，即谷神。今山西省运城地区稷山县，春秋时期称稷。汉朝，为河东郡闻喜县。隋开皇三年（583）绛州徙治今新绛县境。十八年（598）原高凉县改为稷山县，属绛县。这里有稷王庙，稷峰镇。这都与后稷教民种植有关。汉文帝诏书说："农，天下之本也。"以农为本，是很重

1

要的治国方略。治国之道，富民为始；富民之要，在于力农。汉代，大司农主管国家财政，郡国诸仓农监、都水六十五官长丞，皆属大司农。汉武帝外事征伐，内兴工程。晚年，他悔征伐之事，想要百姓殷富，下诏："方今之务，在于力农"。于是封丞相车千秋为富民侯，用赵过为搜粟都尉。赵过发明代田法，教长安附近及边地人民代田法和使用人力挽犁，用力少，得谷多。汉宣帝少时生活于民间，体验过民生艰难，登帝位后，奖励贤良守令，汉代良吏，于斯为盛，王成、黄霸、朱邑、龚遂、郑弘、召信臣等，劝民卖剑买牛，鼓励生产，化解民间纠纷，所居民富，所去见思，史称"宣帝中兴"。历史上，以汉族为主体的国家政权重视农业，少数民族建立的国家政权，如北魏、元朝、清朝，同样汲取中原先进的农耕文化精华，重视农业。

　　蒙古族，本是游牧民族，以游牧、军事掠夺、商业等方式来获得财富，"其俗不待蚕而衣，不待耕而食"。后人称"成吉思汗，只识弯弓射大雕"。但是他的继承者，却不是这样。乙丑年（1229）大蒙古国窝阔台汗即位时，中使别迭说："汉人无补于国，可悉空其人以为牧地。"农桑无足轻重，这种认识，相当普遍。

耶律楚材说："夫以天下之广，四海之富，何求而不得，但不为耳，何名无用哉？"中使别迭与耶律楚材的争论，反映了以畜牧业立国与以农业立国两种生产方式之争，以及立国思想之争。耶律楚材又奏："地税、商税、酒、醋、盐、铁、山泽之利，周岁可得银五十万两，绢八万匹，粟四十万石。"窝阔台汗说："诚如卿言，则国有余矣。卿试为之。"耶律楚材乃奏立十路课税所。……辛卯秋（1231），窝阔台汗至云中，诸路课税所贡课额银币，及仓廪物斛文簿，具陈于前，悉符元奏之数。窝阔台汗惊奇地说："卿不离朕左右，何使钱币流入如此？"十路课税所的设立，以及税收的成效，使成吉思汗的继承者，认识到农业的重要。

元朝统一后，军国费用大增，元世祖既重用阿合马等理财，又重视农业生产，认识到"国以民为本，民以衣食为本，衣食以农桑为本"。至元十二年（1275）五月，元世祖诏谕前线将领高达："夫争国家者，取其土地人民而已，虽得其地而无民，其谁与居？今欲保守新附城壁，使百姓安业力农，蒙古人未之知也。尔熟知其事，宜加勉励。湖南州郡，皆汝旧部曲，未归附者何以招怀，生民何以安业，听汝为之。"元世祖要求高达，招抚流民，发展生产。元世祖已经认识到土地和人民的重要，决心改变以往掠夺财富的战争目的，"使百姓安业力农"，确立了以农桑为主要经济方式的政策。

元朝重视农桑，设立劝农使、司农司，劝课农桑。大司农司的地位，与中书省、御史台相当。中书省丞相、御史台御史中丞，有时兼任大司农司正卿。大司农司专掌农桑水利，发布农桑令，指导农桑种植。司农司编辑《农桑辑要》，每隔五六年，就颁行一千四五百部，前后印刷颁布总数在 2 万部左右。各州县正职，职带劝农衔，都兼有劝农之责。国家还建立都水监和河渠司。都水监主管会通河、御河、黄河等河流。河渠司是都水监下属机构，已知有大都路河道提举司、东平路河道提举司、宁夏河渠提举司、怀孟路河渠提举司、兴元路河渠提举司、江南都水庸田司等。河渠司负责主持修治河渠，分配用水，调节用水矛盾。大都河道提举司，有 61 名通惠河闸官和会通河闸官，负责维护通惠河、会通河、御河的 5 闸、7 坝和都城内外 156 桥，及积水潭的一切事务。明初，史臣高度评价其作用：

　　元有天下，内立都水监，外设各处河渠司，以兴举水利，修理河堤为务，决双塔、白浮诸水为通惠河，以济漕运，而京师无转饷之劳。导浑河，疏滦水，而武清、平滦无垫溺之虞；浚冶河，障滹沱，而真定免决啮之患。开会通河于临清，以通南北之贷。疏陕西之三白，以溉关中之田，泄江湖之淫潦，立捍海之横塘，而浙右之民，得免于水患。当时之善言水利，如太史郭守敬等，盖亦未尝无其人焉。一代之事功，所以为不可泯也。今故著其开修之岁月、工役之次第，历叙其事，而分纪之，作河渠志。[1]

劝农使、司农司的设置，初期确有成效，后期逐渐演变为虚文。统计农桑数量中，弄虚作假，有纸上栽桑之说。县官应付劝农使的检查，弄虚作假，劝农官则走马看花，看不到真实情况。实际上，也存在劝农实为扰民的情况。科举考试，重词章，不重实用，官员

---

[1] 《元史》卷六四《河渠志一》，1588 页。

懂农事者不多，到各地巡视时，又预先发文，社、乡预先准备好，县官到乡下，只增烦扰。劝农，实为扰民。

古代对官员政绩的考查，大致从五个方面进行：田野辟、户口增、盗贼息、词讼简、赋役均。五事备者为上选，三事有成者为中选，五事俱不举者罢黜。而事实上，一届任期内，不可能五事都做得好。为了在考核中取得好成绩，多数官员不惜弄虚作假。许有壬曾任山北道廉访司，他认为，以五事备考核官员，"实则虚文"。江南水田，齐鲁土地肥硗，辽海沙漠，巴蜀山林溪洞，这些情况，龚遂、黄霸再世，亦无能为力。户口增，不过是分家、放良、投户还俗，或流动人口，彼减此增之数。盗贼息，不过是隐匿盗贼，不申报。词讼简，不过是将应该处理之事，付而不问。赋役，则上下贫富、品答科派，自有定规，尽能奉行，亦分内事。以五事备考核官员，"实效茫然，……谁不巧饰纸上！"反映官员考核中弄虚作假，原因在于上级要数据，要政绩。

元代大都城中书省、大司农司、都水监的位置，是本书考察的内容之一。经初步研究，大都城大司农司位置三迁。先在北省旧吏部，后来在蓬莱坊，最后迁到时雍坊丞相伯颜的府第丽春楼。都水监，在海子桥北。双清亭，在此处偏西。

对元代农业与水利，元明清时人们都有评价与反思，他们认为，元明清时国家京师粮食依赖东南，造成了一系列的南北矛盾。漕运所体现的矛盾，最重要的一点是，运河漕运改变运河沿线的水源生态，运河与黄河、泉水等发生冲突，造成诸多生态环境问题和社会问题。其次是元明清江南（特别是苏州、松江两府）不仅赋额高出数倍，而且漕费十分高昂，大致一石米，运到北京，费用不止十石。嘉庆中，协办大学士刘权的奏疏说，"南漕每石，费十八金"。漕粮到京后，八旗以漕米易钱，一石米只换银钱一两多，即漕粮一石到京需花费十八两白银，但是在北京，每石漕粮只换取一两银。每年漕运定额400万石，而沿途及在京费用，则在1400万—1500万石以上。这是不菲的代价！交错其间的一个重要矛盾，就是当时京师与江南社会的南北思想对立。江南籍官员，不满京师依赖江南粮食，进而鄙视北方官员与民众的道德水平，产生了批评朝廷、提倡发展华北西北水利的思想。清朝，曾采取减轻南方赋额漕额、试行海运、发展北方农田水利等措施，试图缓解矛盾，但从总体上看，成效并不大，这种矛盾始终伴随着整个封建皇朝的兴衰。

从今天经济发展和社会发展角度看，元代农业与水利，其教训在于，国家过度依赖东南粮食，又为保漕运而牺牲农业用水；为维护运河和黄河无虞，又浪费大量金钱于维护河道。如果说，元朝农业与水利，有什么值得吸取的历史经验，就是要大力发展本地区的经济，增加人民积蓄，注重解决国家利益与人民利益、京师利益与地方利益的矛盾，不要过度依赖其他地区物资的调拨和援助，避免产生社会思想的对立；注重农业、开发水利，与生态环境相协调。在农业水利中，合理分配水资源，调节用水，讲究效率和公平，促进水资源的可持续利用。如此，或许可以对建设生态文明，全面建成小康社会，实现乡村振兴，建设美丽中国，有一定的益处。

内篇　元代农业与水利

元代司农司和劝农使

　　关于元代农业的发展，20 世纪 80 年代以来，学者们已经做了相当多的工作，取得了很大成就，出版了许多论著。这些论著主要研究以下两方面的问题，一是元代的农书及其代表的农业水平，[1] 二是元代农业的发展状况，涉及农具、精耕细作技术、土地开垦与利用、粮食产量、区域开发等 [2]。农业的主体是农民，

---

[1]　师道刚：《从三部农书看元代的农业生产》，山西大学学报 (哲社版)1979 年第 3 期。缪启愉：《元刻〈农桑辑要〉校释·代序》，农业出版社，1988 年，第 1—30 页。陈文华：《中国古代农业技术史图谱》，农业出版社，1991 年。陈贤春：《元代农业生产的发展及其原因探讨》，《湖北大学学报》1996 年第 3 期。

[2]　余也非：《中国历代粮食平均亩产量考略》，《重庆师范学院学报》1980 年第 3 期。陈高华：《中国史稿》(5)，人民出版社，1983 年。韩儒林主编：《元代史》，人民出版社，1983 年。吴慧：《中国历代粮食亩产研究》，农业出版社，1985 年。李干：《元代社会经济史稿》，湖北人民出版社，1985 年。王毓铨、刘重日、郭松义、林永匦：《中

由于农民文化、地位低下，他们不曾有自己的历史记录和诗文写作，研究农民，存在文献不足的困难。不过，司农司和劝农使，是涉农部门和官员，元人文献中有关于司农司和劝农使设置、职责和功过的记载与评价，使研究这个问题，成为可能。这里从三个方面研究这个问题：司农司和劝农使的设置与职责、司农司劝农使的工作内容、元人对司农司劝农使的评价。元代重视农桑。司农司、劝农使，编写农书和劝农文，推广农业生产知识和技术，检查县级官员劝课农桑的成绩，编造农桑文册等，对元初农桑发展有所裨益。实际上，劝农工作中也产生了一些弊端，如劝农实为扰民、统计农桑数量和考核官员政绩中的弄虚作假等。元代农业发展还存在许多制约因素，如人力不足、畜力不足、粗耕粗作、农时被耽误、农具质次价高、购买不便等，这都影响了农业发展的实效。

国屯垦史》下册，农业出版社，1991 年。梁家勉主编：《中国农业科学技术史稿》，农业出版社，1992 年。陈贤春：《元代粮食亩产》，《历史研究》1995 年第 4 期。吴宏岐：《元代农业地理》，西安地图出版社，1997 年。王培华：《土地利用与可持续发展——元代农业与农学的启示》，《北京师范大学学报》1997 年第 3 期。

一、司农司、劝农使的设置与职责

蒙古族本来"其俗不待蚕而衣,不待耕而食"[1],"汉人无补于国,可悉空其人以为牧地"[2]的认识相当普遍。统一后,军国费用大增,元世祖既任用阿合马等理财,又向汉地学人"问以治道",逐渐认识到"国以民为本,民以衣食为本,衣食以农桑为本。"[3]至元十二年(1275)五月,元世祖诏谕前线将领高达:"夫争国家者,取其土地人民而已,虽得其地而无民,其谁与居。今欲保守新附城壁,使百姓安业力农,蒙古人未之知也。尔熟知其事,宜加勉旃,湖南州郡皆汝旧部曲,未归附者何以招怀,生民何以安业,听汝为之。"[4]这表明元世祖已经认识到土地和人民的重要,决心改变以往掠夺财富的战争目的,"使百姓安业力农",确立了以农桑为主要经济方式的政策。司农司、劝农使和各地正

---

[1] 《元史》卷九三《食货志一·农桑》,中华书局 1976 年点校本。

[2] 《元史》卷一五六《耶律楚材传》,中华书局 1976 年点校本。

[3] 《元史》卷九三《食货志一·农桑》,中华书局 1976 年点校本。

[4] 《元史》卷八《世祖本纪第五》,中华书局 1976 年点校本。

官在贯彻重农桑中发挥了作用。

劝农官的设置始于窝阔台汗时。庚戌年（1250）刘秉忠提出"宜差劝农官一员，率天下百姓务农桑，营产业，实国之大益"。辛亥年（1251）忽必烈接受刘秉忠等的建议，以张耕、刘肃为邢州安抚使和副使，"流民复业"[1]，"不期月，户增十倍"[2]。癸丑年（1253）他派姚枢"立京兆宣抚司，以孛兰及杨惟中为使，关陇大治"。甲寅年（1254）"以廉希宪为关西道宣抚使，姚枢为劝农使"[3]。中统元年（1260）设十路宣抚司，命各路宣抚司择通晓农事者，充随处劝农官[4]。姚枢为东平路宣抚司，置劝农官[5]。中统二年八月"初立劝农司，以陈邃、崔斌、成仲款、粘合从中等为滨棣、平阳、济南、河间劝农使，李士勉、陈天赐、陈膺武、忙古带为邢洺、河南、东平、涿州劝农使[6]。至元六年（1269）

[1]《元史》卷一五八《刘秉忠传》，中华书局 1976 年点校本。

[2]《元史》卷一五七《张文谦传》，中华书局 1976 年点校本。

[3]《元史》卷四《世祖本纪第一》，中华书局 1976 年点校本。

[4]《元史》卷九三《食货志一·农桑》，中华书局 1976 年点校本。

[5]《元史》卷一五八《刘秉忠传》，中华书局 1976 年点校本。

[6]《元史》卷四《世祖本纪第一》，中华书局 1976 年点校本。

以提刑按察司兼劝农事 [1]。

司农司，始置于中统初年 [2]。高天赐向丞相孛罗、左丞张文谦建议，王政宜以农桑为本，"丞相以闻，帝悦，命立司农司。"[3] 于是至元七年二月"立司农司，以参知政事张文谦为卿，设四道巡行劝农司"[4]，这四道是山东东西道、河东陕西道、山北东西道、河北河南道，以后随着疆域扩大，劝农使增多。四道巡行劝农司，又称行司："至元改号之六载，诏立大司农司，其品秩、僚属，特与两府埒。盖以农桑大本，滋殖元元，莫斯为重，故崇职掌，开藉田以率先天下，外建行司，曰使而副"。[5] 两府，指中书省、枢密院。即司农司官员的品秩、僚属人数，与中书省、枢密院相等，可见其地位尊宠。

大司农司，在元代朝廷各机构中，处于什么位置？

---

[1] 《元史》卷八六《百官志二》，中华书局 1976 年点校本。

[2] 《元史》卷一五八《姚枢传》、《元史》卷五《世祖本纪第二》中统三年二月，中华书局 1976 年点校本。

[3] 《元史》卷一五三《高宣传附高天赐传》，中华书局 1976 年点校本。

[4] 《元史》卷七《世祖本纪四》，中华书局 1976 年点校本。

[5] 王恽《秋涧集》卷三七《绛州正平县新开薄润渠记》，四部丛刊景明弘治本。

《元史》卷八五《百官志一》记中书省及其六部，卷八六《百官志二》述枢密院、行枢密院、御史台、行御史台、肃政廉访司。卷八七《百官志三》述大宗正府、大司农司、翰林兼国史院、蒙古翰林院、集贤院等。明修《元史》，其根据是元代实录等官私文献。可见，在元朝官方文献中，大司农司，就在中书省、枢密院、大宗正府后，而排在翰林兼国史院、蒙古翰林院、集贤院前，体现了农事在国家所有事务中的重要性。中书省，有吏、户、礼、兵、刑、工六部。六部，官吏品秩相同，职掌繁简不同。礼、兵二部较为清闲，礼部最大职掌是祭祀，但是祭祀有太常院。兵部最重要事情为军旅，但是军旅有枢密院管辖。钱谷造作一切等事务，尽归户、工两部。户、工两部，职掌繁剧。因此，有司农司和都水监，这两个专职专业部门，管理农桑、水利（含农田水利和漕运河道工程维修等）。在元代官方文书中，各机构的排序，一般是"中书省、枢密院、御史台、内外大小诸衙门"。[1] 大司农司长官，品秩、僚属，特地设置成与中书省、御史台相同，可

---

[1] 《南台备要·守令》，见《宪台通纪（外三种）》，浙江古籍出版社，2002年，第223页。

见国家多么重视大司农司的职掌。[1] 可见，元代司农司的职掌之崇、地位之尊。至元七年（1270）"十二月丙申朔，改司农司为大司农司，添设巡行劝农使副各四员。以御史中丞孛罗，兼大司农卿"[2]。以御史中丞孛罗兼任大司农卿，同样说明国家重视大司农司的职掌。

至元十二年（1275）四月，"罢随路巡行劝农官，以其事入提刑按察司"[3]。至元十六年（1279）五月"并劝农官入按察司，增副使佥事各一员，兼职劝农水利事"[4]。十八年改为农政院；二十年（1283）更名务农司，寻改为司农寺。[5] 至元二十二年，尚膳监铁哥奏请"司农司宜升为大司农，秩二品，使天下知朝廷重农之意"，时司农司供膳，有司多扰民，铁哥建议立供膳司，

---

[1] 《南台备要·守令》，见《宪台通纪（外三种）》，浙江古籍出版社，2002 年，第 222 页。

[2] 《元史》卷七《世祖本纪四》，中华书局 1976 年点校本。

[3] 《元史》卷八《世祖本纪第五》，中华书局 1976 年点校本。

[4] 《元史》卷一〇《世祖本纪七》，中华书局 1976 年点校本。

[5] 宋褧：《燕石集》卷一二《司农司题名记》，台湾商务印书馆影印文渊阁四库全书。

供应御膳所需诸物。[1] 二十三年（1286）二月"复立大司农司，专掌农桑"，十二月"诸路分置六道劝农司"。二十四年（1287）二月"升江淮行大司农司事秩二品，设劝农营田司六，……隶行大司农司"[2]。二十五年（1288）"立行大司农司及营田司于江南，二十八年……是年又以江南长吏劝课扰民，罢其亲行之制，命止移文谕之"。[3] 二十五年，增置淮东西两道劝农营田司。[4] 二十七年三月二十七日，罢行司农司及各道劝农营田司，增提刑按察司佥事二员总劝农事[5]。

至元二十七年，劝农司归并于按察司，原因在于，此时农桑事务，渐有次第。中统初参知政事张文谦、至元七年御史中丞孛罗监管农桑事务，中书省、御史台、大司农司官员一起商量。此时，腹里、江南，农桑事务，都井然有序地开展起来，罢免行司农司劝农司衙门，并入按察司，按察司添设两名佥事，有农桑

[1] 《元史》卷一二五《铁哥传》，第 3076 页。

[2] 《元史》卷一四《世祖本纪第十一》，中华书局 1976 年点校本。

[3] 《元史》卷九三《食货志一·农桑》，中华书局 1976 年点校本。

[4] 《元史》卷一五《世祖本纪第十二》，中华书局 1976 年点校本。

[5] 《元史》卷一六《世祖本纪第十三》，中华书局 1976 年点校本。

事务，大司农司呈递，御史台负责刷卷并体察。[1] 看来此项政策，没有马上执行。至元二十九年朝廷又规定，以劝农司并入各道肃政廉访司，增佥事二员，兼察农事[2]。原因同上。

仁宗时，大司农司，品秩最隆，官员最多。"承平日久，家给人足，国用富饶，天子益重其事，升秩从一，以褒崇之"[3] 皇庆元年（1312）七月"升大司农司秩，从一品"。[4] 皇庆二年（1313），"定为大司农司五人，卿二人，少卿二人，丞二人，幕僚、经历一人，都事二人，照磨一人，管勾一人，其属则若屯田之府，供馈之司，耤田为署，营田设官，辑要有书，树艺有法，凡所以成功者，于兹备焉。"[5] 无论从大司农的品秩，还是员数、职掌，或下属机构来看，其地位之崇都是前所未有的。

[1] 赵承禧：《宪台通纪》，浙江古籍出版社，2002 年，第 29 页。

[2] 《元史》卷九三《食货志一·农桑》，中华书局 1976 年点校本。

[3] 宋褧：《燕石集》卷一二《司农司题名记》，台湾商务印书馆影印文渊阁四库全书。

[4] 《元史》卷二四《仁宗本纪第一》，中华书局 1976 年点校本。

[5] 宋褧：《燕石集》卷一二《司农司题名记》，台湾商务印书馆影印文渊阁四库全书。

　　元顺帝时，更重视司农司。至正时大司农司，秩正二品。至正四年，命枢密知院臣约珠为大司农。约珠，即岳柱，高昌人，至顺二年（1330）出为江西行省平章政事。后由知枢密院升为大司农。至正五年，中书省参知政事韩元善，迁大司农卿。[1] 至正五年冬十一月十七日，元顺帝在明仁殿，大司农臣约珠、卿韩元善奏请："司农之设，爰自世祖，列圣相承，条制悉举，唯是刻石题志诸臣之名，犹未有文。"翰林学士宋褧为之记，他首先回顾元世祖至元年间立司农司的变迁：

　　　　世祖皇帝，……知稼穑为治天下之本，乃至元七年立大司农司，秩正二品，官五人，曰大司农，曰卿、少卿、丞、农正，主农务，乡校水利，此肇端也。十八年改农政院，二十年更名务农司，秩降三等。寻改为司农寺，后二年复为大司农，秩如七年时。又明年，内郡设巡行劝农司，为道凡六。廿又七年，罢并归提刑按察司，兼掌其事，后改肃政廉访，亦如之。守令以兼劝农事给

---

[1]　《元史》卷一八四《韩元善传》。

衔，廉访总其纲，岁报政于司农，以第殿最，迄
今遵之。……

　　皇上厉精求治，宵旰忧民，虑农政之寝弛，
思作新之。至正四年，命枢密知院臣约珠为大司
农，眷注维笃，奖训载严，且择僚佐以副之，诸
臣莅事维谨。

可以说，这是一篇司农司简史。然后，宋褧探讨为什
么元顺帝时又特别重视大司农司的建设："夫水、
木、土、谷之修，正德、厚生之用，司农之职，九功
有其六矣，戒之董之之道，其玺书训敕，赏罚勤惰之
谓欤？劝之俾勿坏者，殆类是。石刻之昭示悠久也。
比岁不登，中土艰食，继自今膺，是选者精白一心恪
慎乃职，修六府而治三事，使民衣帛食肉不饥不寒，
则是尧舜其君，尧舜其民之义也。告之司农，孰曰不
宜？或由是而有所傲焉，庶几乎祖述禹稷万分之一，
以上佐圣天子垂无穷。"[1]古人讲，六府、三事，谓
之九功。水、火、金、木、土、谷，谓之六府。正

---

[1]　宋褧：《燕石集》卷一二《司农司题名记》，台湾商务印书馆影印文
渊阁四库全书。

德、利用、厚生，谓之三事。六府涵盖人类生活所必需的六种物质因素，三事指人类对待物质生产生活的态度。大司农职责所及，有水、木、土、谷之修，正德、厚生之用这六种。其时，正值连岁不登，司农司职责，至关重要。将大司农司官员名字，立碑刻石，正可以使司农司官员，恪尽职守，严肃对待农事，有所儆戒。同时，朝廷给大司农司安排更宽敞的办公楼，即丞相伯颜于时雍坊的府第，为司农司楼。处于末世，元顺帝时君臣上下，重视农桑，可见一斑。

至正十一年（1351）时，司农司的排名，都紧随六部后，"在内六部、司农司、集贤、翰林国史、太常礼仪院、秘书、崇文、国子、都水监、侍卫仪司，在外宣慰司、廉访司……"[1]可见至正时司农司地位的重要。至正十三年（1353）命中书省右丞悟良哈台、左丞乌古孙良桢兼大司农卿，给分司农司印。西自西南至保定、河间，北至檀、顺州，东至迁民镇，凡系官地，及元管各处屯田，悉从分司农司，立法佃种，合用工价、牛具、农器、谷种，招募农夫，诸费给钞

---

[1] 刘孟琛：《南台备要不分卷·守令》，明永乐大典本。

五百万锭，以供其用。[1] 至正十五年诏，有水田去处，置大兵农司。至正十九年二月，置大都督兵农司于西京，仍置分司十道。[2] 可以说，司农司之职与元代相始终。

需要指出，江淮行大司农司的设立，与一般劝课农桑事务不同。至元二十四年（1287）置，元贞元年（1295）省。[3] 此即江淮行大司农司。至元二十四年（1287）升江淮行大司农司事，秩二品。至元三十年，江南行大司农，自平江徙扬州，兼管两淮农事。[4] 江南行大司农司的设立，是为追究豪家隐藏田租。南人燕公楠奏请，于江南立行司农，以究豪家隐藏田租，设官十一员于扬州，置司领十道：江北淮东道、淮西江北道、江南浙西道、浙东海右道、江东建康道、江西湖东道、福建闽海道、江南湖北道、山南湖北道、岭北湖南道。元贞元年，以究隐藏不多，无济于事。元世祖去世，朝廷减并官府，丞相完泽奏请罢之。

---

[1] 《元史》卷四三《顺帝本纪六》，中华书局 1976 年点校本。

[2] 《元史》卷九二《百官志八》，中华书局 1976 年点校本。

[3] 《至顺镇江志》卷一三，嘉庆宛委别藏本。

[4] 汪辉祖、汪继培：《元史本证》卷三一。

另外，武宗至大三年冬十月诏谕陕西大司农司，劝课农桑。则陕西大司农司设立，至晚也在武宗至大三年。

劝农使和司农司的职责是劝课农桑。中统元年"中书省榜示：钦奉诏书，农桑衣食之本，勤谨则可致有余，慵惰则必至不足，正赖有司岁时劝课。省府照得，即目春首，农作时分，仰宣抚司令已委劝农官员，钦依所奉诏书，于所管地面内，依上劝课勾当。务要田畴开辟，桑麻增盛，毋得慢易。仍于岁终，考校勤懒，明行赏罚，以劝将来"[1]，强调要以"户口增、田野辟"为考察官员项目。至元元年八月颁布《至元新格》规定地方官要"均赋役，招流移，……劝农桑，验雨泽，……月申省部"。[2]地方官的职责，有均赋役、招抚流民、劝农桑等。司农司"专掌农桑水利，仍分布劝农官及知水利者，巡行郡邑，察举勤惰。所在牧民长官提点农事，岁终第其成否，转申司农司及户部，任满之日，注于解由，户部照之，以为殿最。又命提

[1]　王恽：《秋涧集》卷八〇《中堂记事上》，台湾商务印书馆影印文渊阁四库全书。

[2]　《元史》卷八《世祖本纪第五》，中华书局 1976 年点校本。

刑按察司加体察焉"[1]。每年都要考核地方官劝课农桑的等第，报告给司农司和户部。任满，明确记载于调任的证明文书上，户部考察，分出等第。又命按察司再考察一遍。元世祖及以后诸帝，多次诏谕司农司等劝课农桑。至元十年三月"诏申谕大司农司遣使巡行劝课，务要农事有成"[2]；至元二十五年"诏行大司农司、各道劝农营田司巡行劝课，举察勤懒，岁具府州县劝农官实迹，以为殿最。路经历官县尹以下，并听裁决"[3]；考察的人员，不仅是各路州县正官，还有经历、县尹等次要官员。至元二十九年闰六月"诏谕廉访司巡行劝课农桑"[4]；元贞元年（1295）五月"诏以农桑水利谕中外"[5]；大德二年（1298）二月"诏诸郡凡民播种怠惰及有司劝课不至者，命廉访司治之"[6]；大德十一年十二月，"劝农桑，……惩戒游惰"[7]；至大三年（1210）

[1] 《元史》卷九三《食货志一·农桑》，中华书局 1976 年点校本。

[2] 《元史》卷八《世祖本纪第五》，中华书局 1976 年点校本。

[3] 《元史》卷一五《世祖本纪第十二》，中华书局 1976 年点校本。

[4] 《元史》卷一七《世祖本纪十七》，中华书局 1976 年点校本。

[5] 《元史》卷一八《世祖本纪十八》，中华书局 1976 年点校本。

[6] 《元史》卷一九《成宗本纪第二》，中华书局 1976 年点校本。

[7] 《元史》卷二二《武宗本纪第一》，中华书局 1976 年点校本。

十月"诏谕大司农劝课农桑";[1] 皇庆元年（1312）七月
"帝谕司农司曰：'农桑衣食之本，汝等举谙知农事者
用之'"；皇庆二年二月"诏敦谕劝课农桑"，七月"敕
守令劝课农桑，勤者升迁，怠者黜降，著为令"[2]。总之，
元世祖、成宗和仁宗诏谕司农司较多，诏令反映国家
对劝农使、司农司及地方劝农正官职责的基本要求。

　　同时，国家多次发布农桑令，对农桑种植提出指
导意见。至元六年（1269）八月，"诏诸路劝课农桑。
命中书省采农桑事，列为条目，仍令提刑按察司与
州县风土之所宜，讲究可否，别颁行之"[3]。七年颁农
桑之制一十四条，规定"立社长官司长以教督农民为
事。……种植之制，每丁岁种枣二十株。土性不宜者，
听种榆柳等，其数亦如之。种杂果者，每丁十株，皆
以生成为数，愿多种者听"[4]。泰定帝致和元年（1328）
正月"颁《农桑旧制》十四条于天下"[5]。元代除推广了

---

[1] 《元史》卷二三《武宗本纪第二》，中华书局 1976 年点校本。

[2] 《元史》卷二四《仁宗本纪第一》，中华书局 1976 年点校本。

[3] 《元史》卷六《世祖本纪第三》，中华书局 1976 年点校本。

[4] 《元史》卷九三《食货志一·农桑》，中华书局 1976 年点校本。

[5] 《元史》卷三〇《泰定帝本纪第二》，中华书局 1976 年点校本。

棉花种植外，桑蚕业也得到发展，这与国家推广农桑的政策是分不开的。

这里需要指出，汉代大司农、金代司农司，还管理京师仓。元代不同。"元京都二十二仓，各仓置监，支纳一人，大使二人，副使二人，皆属户部，不隶司农司。"[1]

二、司农司、劝农使的工作内容

司农司、劝农官和提点劝农事的地方正官，其主要工作有：编写《农桑辑要》、推广农业生产知识和技术、检查劝课农桑成绩、编造农桑文册等。

编辑《农桑辑要》，印刷并发布给"随朝并各道廉访司、劝农正官"。约在至元十年（1272）司农司官员编辑《农桑辑要》七卷成书，至元二十三年（1286）六月"诏以大司农司所定《农桑辑要》书颁诸路"[2]，每隔五六年，就颁行一千四五百部，前后印刷颁布总数在

---

[1]《续通典》卷三〇《职官》。

[2]《元史》卷一四《世祖本纪第十一》，中华书局1976年点校本。

两万部左右 [1]，"给散随朝并各道廉访司、劝农正官" [2]。至元十六年淮西江北道按察司"于访书内采择到树桑良法"，行御史台向各地推行 [3]。成宗大德八年（1304）下诏刊刻王祯《农桑通诀》、《农器图谱》及《谷谱》等书，认为其"考究精详，训释明白。备古今圣经贤传之所载，合南北地利人事之所宜，下可以为田里之法程，上可以赞官府之劝课，虽坊肆所刊旧有《齐民要术》《务本辑要》等书，皆不若此书之集大成也，若不锓梓流布，恐失其传" [4]。在已有《齐民要术》《务本辑要》《农桑辑要》等古今农书情况下，朝廷认为王祯《农书》为古今集大成之作，可见其内容完整、规范。武宗至大二年（1309）淮西廉访金事苗好谦献"种苎之法。其说分农民为三等，上户地一十亩，中户五亩，下户二亩或一亩，皆筑垣墙围之，以时收采桑椹，依法种植"，武宗"善而行之"。仁宗延祐二年（1315）"风示诸道，

---

[1] 缪启愉：《元刻〈农桑辑要〉校释·附录》，农业出版社，1988 年。

[2] 《元文类》卷三六《农桑辑要序》，商务印书馆，1958 年。

[3] 《元典章》卷二三《劝农·种植农桑法度》，古籍出版社 1957 年刻本。。

[4] 王祯：《农书》附录《元帝刻行王祯农书诏书抄白》，农业出版社，1981 年。

命以为式"[1]，五年九月大司农买住等进司农丞苗好谦所撰《栽桑图说》，"刊印千帙，散之民间"[2]，此次印刷《栽桑图说》三百部[3]。这些农书的颁布，有利于各地劝农正官履行其劝农职责，这也反映了元代朝廷在指导农业生产方面的作用。

最直接的作用，是元代皇宫里御苑，都依《农桑辑要》种植。"厚载门，松林之北，柳巷御道之南，有熟地八顷，内有田"，是皇帝亲耕处，"东有水碾一所，日可十五石碾之。""苑内，种莳谷、粟、麻、豆、瓜果蔬菜，随时而有，皆宦官、牌子头目各司之，服劳灌溉，以事上，皆尽夫农力，是以种莳无不丰茂。并依《农桑辑要》之法。海子水透迤曲折而入，洋溢分派，沿演渟注贯，通乎苑内，真灵泉也。蓬岛耕桑，人间天上，后妃亲蚕，实遵古典。"[4] 这是御苑依据《农桑辑要》之法，指导种植谷、粟、麻、豆、瓜果蔬菜等。

推广农业生产知识和技术。按察司（廉访司）或

---

[1] 《元史》卷九三《食货志一·农桑》，中华书局 1976 年点校本。

[2] 《元史》卷二六《仁宗纪三》，中华书局 1976 年点校本。

[3] 《元文类》卷三六《农桑辑要序》，商务印书馆，1958 年。

[4] 熊梦祥：《析津志辑佚·古迹》，北京古籍出版社，1983 年，第 114 页。

总管等官员编写劝农文、劝善书，用通俗文字介绍农桑技术，要求县官向社长、社师等宣传。至元十五年河南河北道提刑按察司发布的《劝农文》，就开出许多条目，要求"所在官司，照依已降条画，遍历乡村，奉宣圣天子德意，敦谕社长耆老人等随事推行"。对于垦辟，《劝农文》指出："田多荒芜者，立限垦辟以广种莳，其有年深瘠薄者，教之上粪，使土肉肥厚，以助生气，自然根本壮实。虽遇水旱，终有收成。"对于粮食种植，《劝农文》指出："谷麦美种，苟不成熟，不如稗。切须勤锄功到，去草培根。岂不闻锄头有雨：可耐旱干；结穗既繁，米粒又复精壮。""一麦可敌三秋，尤当致力，以尽地宜。如夏翻之田胜于秋耕，概耙之方数多为上。既是土壤深熟，自然苗实结秀，比之功少者收获自倍"。对于桑麻，它指出："桑麻……切须多方栽种，趁时科斸，自然气脉全盛，叶厚秸长，饲蚕、绩缕，皆得其用。又栽桑之法，务要坑坎深阔，盖桑根柔弱，不能入坚，又不宜拳曲难舒。根既易行，三年之后即而采摘"。"浴连、生蚁、初饲、成眠，以至上簇，必须遵依蚕书，一切如法，可收倍利。尝闻山东农家，因之致富者，皆自丝蚕。旬月之劳，可不勉励！"对于耕牛饲养，它说："耕犁之功全借牛畜。须管多存刍豆，牧饲得所，不致羸弱，以尽耕作。……若有羸老不堪者,切须戒杀心、擅行屠宰"[1]。这种《劝农文》多张榜公布在门墙上，如时人所说"分司劝谕立课程，朝送农官暮迎吏。诚言谆谆不敢忘，榜示门墙加勉励"[2]，是能够让部分识字农民了解的。

仁宗时（1312—1320）顺德路总管王结编写《善俗要义》，逐级下发给乡村中的社长、社师。《善俗要义》第一条"务农桑"："今后仰社长劝社众常观农桑之书，父兄率其子弟，主户督其田客，趁时深耕均种，频并锄耨，植禾艺麦最为上计。或风土不宜，雨泽迟降，合晚种杂田瓜菜者，亦可并力补种，更宜种麻以备纺绩蚕桑之事，自收种、浴川、生蛾、喂饲，以至成茧、缲丝，皆当详考《农书》所载老农遗法，遵而行之。"第二条"课栽植"："本路官司虽频劝课，至今不见成效。盖人民不为远虑，或又托以地不宜桑，往往废其

---

[1] 王恽：《秋涧集》卷六二《劝农文》，台湾商务印书馆影印文渊阁四库全书。

[2] 胡祗遹：《紫山大全集》卷四《农器叹寄左丞公》，台湾商务印书馆影印文渊阁四库全书。

蚕织，所以民之殷实不及齐鲁。然栽桑之法，其种堪移栽，压条接换，效验已著，苟能按其成法，多广栽种，则数年之间，丝绢繁盛亦如齐鲁矣。地法委不相宜，当栽植榆柳青白杨树，十年之后，枝梢可为柴薪，身干堪充梁栋，或自用，或货卖，皆为有益之事，其附近城郭去处，当种植杂果货卖，亦资助生理之一端也。"因此书"甚得抚字教养之方"，顺德路总管府，缮写成帙，下发给各县，并令本县录写，遍下各社，要求社长社师等，依此书"谕民事理，以时读示训诲，务令百姓通知，劝之遵用举行，将来渐有实效"，其后，仁宗诏令向各地推广。[1]

检查地方官员劝课农桑成绩。至元九年（1272），"命劝农官举察勤惰。于是高唐州官张廷瑞以勤升秩，河南陕县尹王存以惰降职。自是每岁申明其制"[2]。御史台对高唐州尹张廷瑞的评价："至任以来，甫及期年，五事可称，一方受赐，劝课农桑，裁抑游惰。"[3]。至元

---

[1] 王结：《文忠集》卷六《善俗要义》，台湾商务印书馆影印文渊阁四库全书。

[2] 《元史》卷九三《食货志一·农桑》，中华书局1976年点校本。

[3] 王恽：《秋涧集》卷八七《乌台补笔·高唐州州尹张廷瑞称职事状》，台湾商务印书馆影印文渊阁四库全书。

二十七、二十八年提刑按察司和肃政廉访司，相继兼掌劝农，守令以兼劝农事给衔，"廉访总其纲，岁报政于司农，以第其殿最"。[1] 自此，廉访司年终检查地方官劝农政绩成为制度。文宗天历二年（1329）"各道廉访司所察勤官内丘何主薄等凡六人，惰官濮阳裴县尹等凡四人"[2]。

编造农桑文册。《农桑之制》最后一款规定，提点农事正官"仍依时月下村提点，……据每县年终比附到各社长农事成否、等第，开申本管上司，却行开坐所管州县提点官勾当成否，编类等第，申覆司农司，及申户部照验"[3]，这种农桑文册，一交户部，一交司农。为使统计可信可靠，至元二十九年（1292）八月"命提调农桑官账册有差者，验数罚俸"[4]。仁宗延祐七年（1317）四月，"廉访司为农桑两遍添官，交依旧管行，每岁攒造文册，赴大司农考较"，攒造农桑文

[1] 宋褧：《燕石集》卷一二《司农司题名记》，台湾商务印书馆影印文渊阁四库全书。

[2] 《元史》卷九三《食货志一·农桑》，中华书局1976年点校本。

[3] 《元典章》卷二三《户部九·立社·劝农立社事理》，古籍出版社1957年刻本。

[4] 《元史》卷九三《食货志一·农桑》，中华书局1976年点校本。

册目的是"岁见种植、垦辟、义粮、学校之数，考核增损勤惰"[1]，所说种植包括桑枣榆柳等。

元初，司农司和劝农使的工作是有成绩的。奥敦保和"领真定、保定、顺德诸道农事，凡辟田二十余万亩"，其子奥敦希恺袭为真定路劝农事，寻以劝农使兼知冀州，兴利除弊，发展农桑[2]。至元八年（1272），董文用为山东东西道巡行劝农使，"列郡咸劝，地利毕兴。五年之间，政绩为天下劝农使之最"[3]。至元十年张立道领大司农事，又授大理等处巡行劝农使，治理昆明池，"得壤地万余顷，皆为良田。爨棘之人虽知蚕桑，而未得其法，立道始教之饲养，收利十倍于旧，云南之人由是益富庶。罗罗诸山蛮慕之，相率来降，收其地悉为郡县"[4]。至元二十五年燕公楠"除大司农，领八道劝农营田司事，按行郡县，兴利除弊，绩用大著"[5]。此类事实不胜枚举。文献还记载某些年份的农桑学校

[1] 许有壬：《至正集》卷七四《风宪十事·农桑文册》，台湾商务印书馆影印文渊阁四库全书。

[2] 《元史》卷一五一《奥敦世英传》，中华书局1976年点校本。

[3] 《元史》卷一四八《董文用传》，中华书局1976年点校本。

[4] 《元史》卷一六七《张立道传》，中华书局1976年点校本。

[5] 《元史》卷一七三《燕公楠传》，中华书局1976年点校本。

数量，至元二十三年（1286）"大司农上诸路……植桑枣杂果树二千二百九万四千六百七十二株"[1]；二十五年十二月"大司农言耕旷地三千五百七十顷"[2]；二十八年十二月，"司农司上诸路……垦地千九百八十三顷有奇，植桑枣诸树二千二百五十二万七千七百余株"[3]。时人评论大司农司"专以劝课农桑为务。行之五六年，功效大著，民间垦辟之业，增前数倍"[4]；"凡先农之遗功，陂泽之伏利，崇山翳野，前人所未尽者，靡不兴举"[5]；"立诸道劝农司，巡行劝课，敦本业，抑游末，……不数年，功效昭著，野无旷土，栽植之利遍天下"[6]。由于农桑的发展，元世祖时人户大增，明初史臣说："终世祖之世，家给人足。天下为户凡一千一百六十三万三千二百八十一，为口凡

---

[1] 《元史》卷一四《世祖本纪第十一》，中华书局 1976 年点校本。

[2] 《元史》卷一五《世祖本纪第十二》，中华书局 1976 年点校本。

[3] 《元史》卷一六《世祖本纪第十三》，中华书局 1976 年点校本。

[4] 王磐：《农桑辑要序》，见司农司：《农桑辑要》，清武英殿聚珍版丛书本。

[5] 王恽：《秋涧集》卷三七《绛州正平县新开溥润渠记》，台湾商务印书馆影印文渊阁四库全书。

[6] 苏天爵：《元名臣事略》卷七《左丞张忠宣公》，台湾商务印书馆影印文渊阁四库全书。

五千三百六十五万四千三百三十七，此其敦本之明效可睹也已。"[1] 这些评价，说明了元初劝农桑是有成绩的。

三、元人对司农司、劝农使的评价

元时，人们还揭露劝农工作中的弊端，如劝农实为扰民，统计农桑数量中和考核官员政绩中的弄虚作假等。元代农业发展还存在许多制约因素，如人力不足、畜力不足、粗耕粗作、农时被耽误、农具质次价高购买不便等，这都影响了农业发展的实效。

劝农实为扰民。由于官员选拔制度的原因，官员懂农事者不多。王祯说："今长官皆以劝农冒衔，农作之事，己犹未知，安能劝人，借曰劝农，比及命驾出郊，先为移文，使各社各乡预相告报，期会斋敛，祇为烦扰耳！"[2] 县官不懂农事，加以官僚做派，劝农实为扰民。蒲道元说："今国家辑劝农之书，责部使者及守令劝课矣，而民之储蓄不若古，一有水旱，发廪以济，然所

---

[1] 《元史》卷九三《食货志一·农桑》，中华书局 1976 年点校本。

[2] 王祯：《农书》卷四《劝助篇》，清光绪二十五年广雅书局刻武英殿聚珍版丛书本。

及有限。而所谓义仓者，又名存而实亡，是以穷民不免流离。"[1] 劝课农桑，并没有使人民富裕。

纸上栽桑。即统计农桑数量中的弄虚作假，农民无实惠而有实祸。元时有"纸上栽桑"之语，形象地反映了统计农桑数量中的弄虚作假。许有壬回忆延祐六年（1319）为山北道廉访司经历，曾亲见各县上报农桑数目中的弄虚作假："以一县观之，一地凡若干，连年栽植，有增无减，较恰成数，虽屋垣池井，尽为其地犹不能容，故世有'纸上栽桑'之语。大司农总虚文，照磨一毕，入架而已，于农事果何有哉！"[2] 照磨，中书省、六部、行省、肃正廉访司、御史台、宣慰司、大司农司等政府部门，都设有照磨一员，掌管磨勘卷宗和审计钱谷出纳，如文牍、簿籍之事。[3] 所

---

[1] 蒲道源：《顺斋先生闲居丛稿》卷一三《乡试策问》，北京图书馆出版社，2005年。

[2] 许有壬：《至正集》卷七四《风宪十事·农桑文册》，台湾商务印书馆影印文渊阁四库全书。

[3] 《明城墙铭文又有新发现——照磨是什么意思？》，《金陵晚报》2016年9月5日。
黄杨军：《走寻赣州街巷——照磨巷》，新浪网。
魏晓光：《百年沧桑话梨树——照磨时期》，见作者新浪博客。
魏晓光：《老凤凰城里的分防照磨官》，见作者新浪博客。

谓照磨一毕，即检查完文件，就上架归档。种植农桑，不考察其成活及后期生长，只是检查文件，于农事无益。一县栽桑数量，远远超过其土地面积，此乃山北道情况。江南亦如此。约至正九年（1349），赵汸说："尝见江南郡邑，每岁使者行部，县小吏先走田野，督里胥相官道旁，有墙堑篱垣，类园圃者，辄树两木，大书'畦桑'二字揭之。使者下车，首问农桑以为常。吏前导诣畦处按视，民长幼扶携窃观，不解何谓，而种树之数，已上之大司农矣。"[1] 劝农使经巡查各地农桑，县中小吏先到田野，督促地方里长小吏在官道旁、在园圃旁，竖起两块木牌，上面书写"畦桑"两个大字。劝农使下车，首先问农桑情况，小吏引导劝农使去检查此处农桑。周围农民扶老携幼来围观，不知道他们在干什么，可劝农使已把种植的数量登记在册，不久就上报到大司农司。县官应付劝农使的检查，弄虚作假，劝农官则走马看花，看不到真实情况。胡祗遹揭露其后果："农官按治司县供报薄集数目，似为有功，核实农人箧筥仓廪，一无实效。他日以富贵之虚声达

---

[1] 赵汸：《东山存稿》卷二《送江浙参政契公赴司农少卿序》，台湾商务印书馆影印文渊阁四库全书。

于上，奸臣乘隙而言可增租税矣，可大有为矣，使民因虚名而受实祸，未必不自农功始"[1]，由于弄虚作假，农民因富贵之虚声而受增税之实祸。这些，都说明检查统计农桑成果中的弄虚作假相当普遍。

官员政绩考核，实为虚文。元代以田野辟、户口增、盗贼息、词讼简、赋役均五事，考核地方官员政绩。许有壬认为以五事备考核官员"实则虚文"。户口增，不过是析居放良、投户还俗，或流移至此，彼减此增之数。江南之田水中围种，齐鲁之地治尽肥硗，辽海之沙漠莽苍，巴蜀之山林溪洞，龚遂、黄霸再世，亦无能为力。欲盗贼息，则盗匿而不申。求词讼简者，将应理之事，亦付而不问。至于赋役，则上下贫富、品答科派，自有定规，尽能奉行，亦分内事。以五事备考核官员，"实效茫然，凋瘵日甚，惟其必以五事全者备取之，则谁不巧饰纸上。"[2]

以上三条实是劝农和考核官员政绩中的弊端。

---

[1] 胡祇遹：《紫山大全集》卷二二《论农桑水利》，台湾商务印书馆影印文渊阁四库全书。

[2] 许有壬：《至正集》卷七四《风宪十事·农桑文册》，台湾商务印书馆影印文渊阁四库全书。

人力不足。元初北方地广人稀，地多于人，导致粗放经营。胡祗遹《农桑水利》指出通常的情形是人无余力而贪畎亩之多。古代农家一夫受田100小亩，合今28.28亩，"后世贪多而不量力，一夫而兼三四人之劳，加以公私事故，废夺其时，使不得深耕易耨，不顺天时，不尽地力，膏腴之地，人力不至，十种而九不收，良以此也。"[1] 北方农家一般耕种100亩[2]，相当于今124.5亩[3]，与古代100亩相比，显然是"一夫而兼三四夫之劳"。此外，屯田户均有耕地普遍高于一般农户，如宗人卫人均屯田100亩，大司农所辖永平屯田总管府每户屯田350亩，广济署每户屯田1000亩，宣徽院所辖尚珍署每户屯田2138亩[4]，陕西泾渠屯田总管府在至元九至十一年时"一家所占多者或十

---

[1] 胡祗遹:《紫山大全集》卷二二《论农桑水利》，台湾商务印书馆影印文渊阁四库全书。

[2] 胡祗遹:《紫山大全集》卷二三《匹夫岁费》，台湾商务印书馆影印文渊阁四库全书。

[3] 余也非:《中国历代粮食平均亩产量考略》，重庆师范学院学报1980年第3期。

[4] 王培华:《土地利用与可持续发展——元代农业与农学的启示》，《北京师范大学学报》1997年第3期。

顷至五顷，虽小户不下一顷有余。"[1] 胡祗遹《论司农司》分析劝农的效果和原因："劝之以树桑，畏避一时锤打，则植以枯枝，封以虚土；劝之以开田，东亩熟而西亩荒，南亩治而北亩芜。就有务实者从法而行，成一事而废一事，必不能兼全。何则人力不足故也。"[2] 人力不足不仅导致应付检查，还导致粗放经营，胡氏的批评不无道理。

畜力不足。农书中多陈述牛耕的方法和好处。王祯《农书·垦耕篇》："中原地皆平旷，旱田陆地，一犁必用两牛、三牛或四牛，以一人执之，量牛强弱耕地多少，其耕皆有定法。"《农桑衣食撮要·教牛》说"家有一牛，可代七人力"。这是说一犁用牛的数量和一牛的劳动能力，不代表当时农户实际拥有耕牛的数量。耕牛为农家重要财产，不是户户都能拥有的。王祯《农书》记载了许多土地利用的方式，多是以增加人力、肥力为基础的。胡祗遹《农桑水利》指出"牛力疲乏寡弱而服兼并之劳"，"地以深耕熟耙及时则肥，

---

[1] 李好文：《长安志图》卷下，清经训堂丛书本。

[2] 胡祗遹：《紫山大全集》卷二一《论司农司》，台湾商务印书馆影印文渊阁四库全书。

能如是者牛力耳。古者三牛耕今田之四十亩，牛之刍豆饱足，不妄服劳，壮实肥腯，地所以熟。今以不刍不豆羸老困乏之牛而犁地二百余亩，不病即死矣。就令不病不死，耕岂能深而耙岂能熟与？时过而耕，犁入地不一二寸，荒蔓野草，不能去根，如是而望亩收及古人，不亦艰哉？"[1] 元代亩制大，一犁两牛或三四牛的实际耕地面积大，则导致耕作不精。耕牛不足、喂养不精，导致耕地不深。

粗放耕作导致低产低收。元代农书阐述精耕细作技术，实际则是粗放经营。胡祗遹指出，种植卤莽灭裂，土不加粪，耙不破块，种每后期，谷麦种子不精粹成熟，不锄不耘，虽地力膏腴，亩可收两石者，亦不得四分之一。若雨泽不时，则得不偿费。"不通古法，怠惰不敏，旱地社，种麦皆团科，种一粒可生五茎；地不杀[旱]，天寒下种子，一粒只得一茎，所获悬绝如此。谷宜早种，二月尤佳，谷生两叶如马耳便锄，既遍，即再锄，锄至三四次，不惟倍收，每粟一斗得米八升，每斗斤重比常米加五。今日农家人力弱，贪多种谷，苗高三四寸才

---

[1] 胡祗遹：《紫山大全集》卷二二《论农桑水利》，台湾商务印书馆影印文渊阁四库全书。

撮苗，苗为野草荒芜，不能滋旺丛茂，每科独茎小穗，勤者再锄，怠惰者遂废，所收亩不三五斗，每斗得米五升，半为糠秕。"[1] 元代粮食亩产，北方一石，南方二石较为普遍，"所收亩不过三五斗"，则是收不抵费。

农时被耽误。力役、兵役耽误农时尽为人知，词讼耽误农时则鲜为人知。胡祗遹批评有司夺农时而使不得任南亩，"今日府州司县官吏奸弊，无讼而起讼；片言尺纸入官，一言可决者，逗留迁延半年数月，以至累年而不决；两人争讼，牵连不干碍人……数十家，废业随衙，当耕田而不得耕，当种植而不得种植，当耕耨而不得耕耨，当收获而不得收获，揭钱举债，以供奸贪之乞取，乞取无厌，不得宁家，所以田亩荒芜，岁无所入，良可哀痛。虽设巡按察司，略不究问，纵恣虎狼，白昼食人，谁其怜之？"[2] 无讼而起讼，故意延期审判，审案时要邻里佐证牵累数十家到官府陪审，等等，都耽误农事。由于主审官员不马上判案，涉案

---

[1]　胡祗遹：《紫山大全集》卷二二《论农桑水利》，台湾商务印书馆影印文渊阁四库全书。

[2]　胡祗遹：《紫山大全集》卷二二《论农桑水利》，台湾商务印书馆影印文渊阁四库全书。

两方就借钱举债，供贪官奸官索要。

农具质次价高，农民购买费时费力。盐铁官营，铁农具也不例外。胡祗遹《农器叹》诗描述农民购买农具的困难。"年来货卖拘入官，苦窳偷浮价增倍。卖物得钞钞买锉，又忧官局迟开闭。入城最近百余里，数日迟留工漫费。耕时不幸屡破损，往来劳劳凡几辈。往来劳苦不惮烦，一刻千金惜虚度。欲于农隙多置买，粟帛无余百无计。农官农官助我耕，何异车薪催金沸。一锉废夺十农功，办与官家多少利。劳形馁腹死甘心，最苦官家拘农器。"[1] 政府规定，农具归官府出售，质次价高。农民出售粮食换钞再买农具，但官府的买卖开门晚，关门早，为了赶百余里路去买农具，农民要耽误好几天的工夫。农忙季节，一刻千金，因此而耽误了生产。想农闲时多买农具，可是无余粮余帛换钱，自然无法购买。表面上农官是助农，但买农具就费很多时间，官府出售农具只顾赚钱，不为农民谋利。官营农具质次价高，农民不仅财力有限，而且购买费时费力，有碍于农桑种植。

---

[1] 胡祗遹：《紫山大全集》卷四《农器叹寄左丞公》，台湾商务印书馆影印文渊阁四库全书。

　　以上所列，有的是劝农桑中产生的弊端，有的是社会制度等因素带来的弊端。由于存在种种弊端，胡祗遹建议："农司、水利，有名无实，有害无益，宜速革罢。"[1] 言虽过激，但并非无根之谈。孛术鲁翀曾指出，大都周围劝农实效不大："上有司农之政，下有劝农之臣，垦令虽严，而污莱间于圻甸；占籍可考，而游惰萃于都城，况其远乎？"[2] 孛术鲁翀、虞集都是至治元年大都路乡试主考官，在北方农业发展不力的问题上，他与虞集的思想是一致的。大都如此，其他地方可知。至正三年（1343）许有壬写道："司农之立七十七年，其设置责任之意，播种植养之法，纲以总于内，目以布于外，灿然毕陈，密而无隙矣。责之也严，行之也久，其效亦何如哉？今天下之民果尽殷富乎？郡邑果尽职乎？风纪果尽其察乎？见于薄书者果尽于其说乎？……方今农司之政其概有三：耕藉田以供宗庙之粢盛，治膳羞以佐尚方之鼎釜，教种植以厚天下之民生。尊卑之势不同，理则一尔。卑或凋劾尊孰与

───────────

[1] 胡祗遹：《紫山大全集》卷二二《杂著·时政》，台湾商务印书馆影印文渊阁四库全书。

[2] 苏天爵编：《元文类》卷四七《大都乡试策问》，商务印书馆，1958年。

奉厚之道，其农政之先务乎？[1] 委婉地批评了司农司劝农桑工作存在的问题。

元代农业发展存在许多制约因素，但以上所述，无疑是制约因素之一端。由此造成了两个后果：一是北方农业水平低，大都及北方所需粮食不能完全就近取给，而要远道依赖江南漕粮，开明清两朝京师及北方军队依赖东南漕运之先例；二是农民生活处于勉强维持水平，胡祗遹研究北方农户一年的收支账："父母妻子身，计家五口，人日食米一升，是周岁食粟三十余石；布帛各人岁二端，计十端；絮二斤，计十斤；盐醯醢油一切杂费，略与食粟相当。百亩之田所出，仅不能赡。又输官者丝绢、包银、税粮、酒醋课、俸钞之类。农家别无所出，皆出于百亩所收之子粒，好收则七八十石，薄收则不及其半，欲无冻馁，得乎？又为以上三四十家不耕而食者取之，所以公私仓廪，皆无余蓄矣。"[2] 这里，"三四十家不耕而食者"，指不

---

[1] 许有壬：《至正集》卷四四《敕赐大司农司碑》，台湾商务印书馆影印文渊阁四库全书。

[2] 胡祗遹：《紫山大全集》卷二三《匹夫岁费》，台湾商务印书馆影印文渊阁四库全书。

直接从事农事的人等，包括儒、释、道、医巫、工匠、弓手、刺、祗候、走解、冗吏、员员、冗衙门、优伶、一切作贾行商、娼妓、贫乞、军站、茶房、酒肆、店、卖药、卖卦、唱词货郎、阴阳二宅、善友五戒、急脚庙官杂头、盐灶户、鹰房户、打捕户、一切造作夫役户、淘金户、一切不农杂户、豪族巨姓主人奴仆。[1] 胡祗遹意思是，五口之家一年口粮所需是一百五十石，衣物杂费与此相当，百亩之收则是七八十石，则收不抵支，况且还要纳粮当差。所以农民往往有产无收："今之为农者，卖新丝于二月，籴新谷于五月，所得不偿费，就令丰仓，已非己有。"[2] 二月蚕未结茧，早已成抵债之物，五月谷未成熟，早有奸商压价买入，农民虽然丰产、丰仓，但不为自己所有。当然，劝课农桑能否真有成效，不完全取决于司农司等官员的工作，它取决于多种因素。不过司农司职当劝农，受到更多的批评，也是很自然的。

---

[1] 胡祗遹:《紫山大全集》卷一九《论农桑水利》，台湾商务印书馆影印文渊阁四库全书。

[2] 胡祗遹:《紫山大全集》卷二一《论积贮》，台湾商务印书馆影印文渊阁四库全书。

总之，元朝重视司农司劝农使的设置，并屡次诏谕劝课农桑，这正说明重农桑政策推行之不易。其成效不大，既有生产条件不足等因素，也有封建官僚政治弊端等因素。故元代农桑事业的发展，受到一定的限制。

元大都城司农司的位置变迁

　　元代大司农司的地位，与中书省、御史台相当。王恽说："至元改号之六载，诏立大司农司，其品秩、僚属，特与两府埒。"[1]两府，当指中书省和御史台。元朝，有时以中书省丞相兼任大司农，如丞相完泽、丞相伯颜、丞相脱脱等，都以丞相兼任司农司卿。或者以大司农、司农卿兼御史大夫、御史中丞，如大司农御史大夫孛罗、司农卿御史中丞张文谦等。从现有资料看，大司农司的官署位置，至少经历三次变迁，即北省吏部、蓬莱坊王同知宅、时雍坊伯颜府第。

---

[1]　王恽:《秋涧集》卷三七《绛州正平县新开溥润渠记》，四部丛刊景明弘治本。

49

一、北省吏部

至元七年至大德八年（1270—1304）期间，大司农司在"（北省）旧吏部内署事"。[1]北省，即中书省，有吏、户、礼、兵、刑、工六部。《析津志辑佚·朝堂公宇》："至元四年（1267）二月乙丑，始于燕京东北隅，建设新都，设邦建都，以为天下本。四月甲子，筑内皇城。位置，公定方隅，始于新都凤池坊北，立中书省。……至元二十四年闰二月，立尚书省，……时五云坊东为尚书省。自至元七年至至元九年，并尚书省入中书省。至元二十七年（1290），尚书省事入中书省，桑柯移中书省。于今尚书省为中书省，乃有北省、南省之分。后于直顺二年（1331）七月十九日，中书省奏，奉旨，翰林国史院里有的文书，依旧北省安置，翰林国史官人就那里聚会。由是，北省既为翰林院，尚书省为中书都堂固矣。殆与太保刘秉忠所建

---

[1] 文廷式辑:《大元官制杂记不分卷》,民国五年印广仓学宭丛书甲类本。

都堂，意自远矣。"[1] "中书省，大内前东五云坊"。[2] 按照刘秉忠的设计，大都新城在燕京东北郊外，以海子（今积水潭和后海）为中心，大都城各官府的衙门，在皇城外。中书省，在凤池坊以北的位置。中书省有六部等十多个部门，开国初，百废待兴，这些部门，或合署办公，或借用住房，或在中书省附近，如检校司成立于至元二十八年（1291），其公署"在省之东偏"，旧署隘且弊，三十多年后的至顺二年（1331）"更作于旧署之南，为堂三楹，以居其官，旁列吏舍庖廪，外为门以别之"。[3] 其位置为省东，"省东市，在检校司门前墙下"。[4] 至元二十七年中书省移到五云坊东尚书省，新中书省，成为南省或新省；原中书省，就被称为北省，旧省，归翰林国史院使用。

秘书监，一度在北省礼部，"至元二十四年（1287）六月十一日，尚书工部来呈，本监于旧礼部置监，……

---

[1] 熊梦祥：《析津志辑佚·朝堂公宇》，北京古籍出版社，1983年，第8页。

[2] 熊梦祥：《析津志辑佚·朝堂公宇》，北京古籍出版社，1983年，第9页。

[3] 《道园学古录》卷八《中书省检校官厅壁记》，四部丛刊景明景泰翻元小字本。

[4] 熊梦祥：《析津志辑佚·城市街市场》，北京古籍出版社，1983年，第5页。

至大元年（1308）六月十六日奉都堂均旨，本监般移将旧礼部里去。"[1]而司农司的公署，"旧吏部内署事"，[2]即司农司在北省吏部。

中书省官署，迁移到五云坊东的尚书省。北省一直为翰林国史院所用。北中书省，即北省，在今旧鼓楼外大街以西，德胜门东滨河路以北这一片区域。现在，这里是安德里、六铺炕地区，有华北电力设计院、煤炭设计研究院等单位。元朝，这里是大都城内，有中书省的六部、司、监等，都有食堂和值班人员住宿处。

二、蓬莱坊王同知宅

大德八年（1304），大司农司购买蓬莱坊王同知宅一区，又添建"供膳司正房三，饷房正房三间"。供膳司掌供给皇宫应需，购买百色生料等。这与司农司官员堂食无关。至元十年（1273）五月秘书监有紫罗夹

---

[1] 王士点、商企翁编次：《秘书监志》卷三《廨宇》，浙江古籍出版社，1992年，第55页。

[2] 文廷式辑：《大元官制杂记》。

褥一个、红绉丝褥子一个;[1] 至大四年（1311），泉府院归秘书监使用，铺陈中有绒绵长条子一个、绒绵短条子一个等，什物有独食桌子八个、锅一口、红酒局子一个、大锅一口等。[2] 锅、大锅、红酒局子、独食桌子，都是厨房、食堂的什物。

中书省六部等各衙门都有堂食。通俗地讲，堂食，是政事堂中书省宰相们议政事后的午餐，也有人称为政府机构工作餐。[3] 唐初，宰相议政过午晚归，于政事堂，中书门下会食，称为堂食。后来京师百司、诸郡邑官员，都有会食。堂食，又称堂馔、堂餐、堂饭。唐朝"文武百僚，每日朝退，于廊下赐食，谓之堂食"。[4] 开元十八年（730）年底，唐玄宗诏令给宰相源乾曜、张嘉贞、张说"共食实封三百户，仍令所司，即令支给。自我礼贤，百代为法"。[5] 谓之堂封。唐德宗建中四年

[1] 王士点、商企翁编次:《秘书监志》卷三《印章》，文渊阁四库全书。

[2] 王士点、商企翁编次:《秘书监志》卷三《什物》，浙江古籍出版社，1992 年，第 61 页。

[3] 刘海波:《唐代官员会食刍议》，《太原师范学院学报》2013 年 7 月 15 日。刘海波:《唐代官员会食刍议》，《河北青年管理干部学院学报》2013 年 9 月 25 日。

[4] 《册府元龟》卷一八〇，帝王部。

[5] 《唐会要》卷五三《崇奖》。

（783）正月"故事：每日出内厨食以赐宰相家，其食可食数人"，[1]已经成为制度。堂食，"由中央政府拨专款，长期借给官府当本钱，由各官府放贷盈利以维持"。[2]堂食精美，以至唐高宗龙朔二年（662）和德宗建中四年，宰相们以政事堂"供馔珍美"，想辞掉堂食或减料。多数人认为，堂食是"国家优贤崇国政"，"重机务待贤才"的举措，不同意辞掉堂食或减料。五代后汉宰相苏逢吉，"已贵，益为豪侈，谓中书堂食为不可食，乃命家厨进羞，曰极珍善。"[3]南宋初，"吕颐浩为相，堂厨每厅日食四千，至秦桧当国，每食折四十余千，执政有差。于是始不会食。"[4]南宋初，每日每厅堂厨费四千钱；秦桧当国，堂食改成折钱，发给每人四十多千钱，比堂食贵多了。堂食折钱，类似于今日机关的餐补。

至正元年（1341）"奎章阁营运钱内，翰林院里与三千定（锭），秘书监里与一千定（锭），交做堂食钱。"[5]

---

[1]《唐会要》卷五三《崇奖》。

[2] 严杰：《唐代宰相的会食》，《文史知识》2006 年。

[3]《旧五代史》卷三〇《苏逢吉传》；《新五代史》卷三〇《苏逢吉传》。

[4] 陈绛：《金罍子》上篇卷一六，明万历三十四年陈昱刻本。

[5] 王士点、商企翁编次：《秘书监志》卷二《食本》，浙江古籍出版社，1992 年，第 64 页。

奎章阁即端本堂，为皇太子教育机构，位于太液池西兴圣宫后。这种营运钱，是堂食的食本，即运营本钱，供应官员堂食的开支。元代中书省、六部、御史台、翰林国史院、司农司等各官府照样有堂食。中统元年（1260）于燕京建行中书省，就有"午刻会食"之事。[1] 王恽，中统二年（1261）、至元十四年（1277）两度入翰林国史院。他后来回忆在翰林院经历朝夕所得典章制度，有一条就是关于宰相共食实封，唐玄宗至元十七年赐予中书门下共食实封三百户，即宰相实封，谓之堂封，堂食制度。[2] 元朝，宰相监修国史，翰林国史院中有左丞相耶律楚材等，可见中书省和翰林国史院，讨论过中书省堂食，而且确实有堂食之制。张昱字光弼，庐陵人，少尝事虞集，得其诗法，仕为江浙行省员外郎，行枢密院判，不久弃官。[3] 他自述"备员宣政院判官"，明初他还在世。宣政院，掌管释教僧徒事务的机构，类似于今日宗教事务管理局。他说："余

---

[1]　王恽：《秋涧集》卷八一《中堂纪事下》，四部丛刊景弘治刻本。

[2]　王恽：《玉堂嘉话》卷五，中华书局，2006年，第124页。

[3]　顾清：《松江府志》卷三一《人物·游寓》，明正德七年刻本。徐象梅：《两浙名贤录》卷六二《寓贤·可闲老人张光弼昱》，明天启刻本。

生行年将八十，……往年承乏佐中书，大官羊膳供堂食。"[1] 太官，汉代供应皇帝饮食的机构，元代称宣徽院，其下属尚食局，掌供御膳及出纳油面酥蜜等物。元朝皇帝御膳日用五羊，顺帝时日用减一羊。[2] 中书省的堂食，皇帝赐予羊膳，羊大为美，羊膳可谓精美。此为元末事。御史台、翰林院、司农司等都有堂食。至元元年（1270）秋七月初建御史台，王恽在御史台两年半，总结前代御史台三条例，有一条是讲察院里，"监察御史，亦呼侍御。每公堂会食，杂端在南榻，主簿在北榻，皆绝笑言。"[3] 侍御史称端公，管杂事者称杂端，非管杂事者称散端。公堂会食时，监察御史分坐两榻，吃饭，不谈工作，要禁绝笑言，说明御史台公堂会食时，有严格礼仪规定。实际上，官员们会食时，不免笑谈。元代类书记载："御史有三院，一台院，侍御史，呼端公。御史，又次者一人，知杂事，谓之杂端。二殿院，殿中侍御史。三察院，监察御史。每公堂会食，

---

[1] 张昱：《张光弼诗集》卷二《读杜拾遗百忧集行有感》，四部丛刊续编景明钞本。。

[2] 杨瑀：《山居新语》卷四，中华书局，2006 年，第 230 页。

[3] 王恽：《秋涧集》卷八三《乌台补笔》，四部丛刊景弘治刻本。

杂端在南榻，主簿在北榻，皆绝笑言。若有不可忍者，杂端大笑，而三院皆笑，谓之哄堂，则不罚。"[1] 这就是哄堂大笑的典故出处。这也说明，有时会食时，除了有美食之乐趣，还有笑谈之乐趣。元朝"国朝大事，曰征伐，曰搜狩，曰宴飨，三者而已。"[2] 京城一年四季，不断有各种名目的聚会燕享，中书省和六部，正月设大宴，"京官虽已聚会公府，仍以岁时庆贺之礼，相尚往还应送，以酒礼为先，若肴馔，俱以排办于案桌矣。于是者数日"。二月十五日早从庆寿寺入隆福宫，至兴圣宫，经眺桥太液池，历大明殿，回延春阁前萧蔷内交集，自东华门内，经十一室内皇后斡耳朵前，转清宁殿出后，出厚载门的大游行聚会，省院台大小衙门，诸司局等，都要散茶饭、馒头等。[3] 皇帝夏四月到秋九月，到上都住夏时，京官随行，类似于放暑假，大都城内只有留守官员。城内生活，唯靠商人做生意才有生气。京官到上都后，京官的堂食，有

[1] 《群书通要》丙集卷七《人事门·哂笑类·哄堂》，清嘉庆宛委别藏本。

[2] 王恽：《秋涧集》卷五七《吕嗣庆神道碑》。

[3] 熊梦祥：《析津志辑佚·岁纪》，北京古籍出版社，1983年，第212—216页。

时于草棚举办，"驾起京官聚草棚，诸司谁敢不从公。
官钱例与供堂食，马上风吹酒面红。"[1] 各官府的堂食
钱，照旧例供应堂食，京官个个喝得不亦乐乎，骑上
二岁马驹[2]，微风一吹，满面通红。其实，元代，堂
食已经成为官府中的聚餐。民间则更直呼为吃堂食，
类似吃公家饭。《赚蒯通》："为官的吃堂食，饮御酒，
多少快活。"郑德辉《伊尹耕莘》："哥哥若肯为官吃
堂食，饮御酒，门排画戟，户列簪缨，……不强似
在这山间林下，受此寂寞也？"堂食是各官府的福利，
百姓们都羡慕能吃堂食的。总之，北省六部，应该
都有堂食和食堂。至元七年至大德年间，大司农司
于北省吏部办公。秘书监于北省礼部办公。其他各部，
也都有堂食和食堂。民国时，此地为六铺炕。我怀
疑六铺炕这个地名，来源于六部堂，或六部炕，后
来以讹传讹成六铺炕。最近《北京市地图集》标为
六部炕街、六铺炕。[3] 不知是有意为之，还是一个
错误。

[1] 张昱：《张光弼诗集》卷三《辇下曲并序》，四部丛刊续编景明钞本。

[2] 杨瑀：《山居新语》卷三，中华书局，2006年，第223页。

[3] 《北京市地图集》，星球地图出版社，2009年，第50页。

大德九年至元顺帝至正七年时（1305—1347）司农司在蓬莱坊王同知宅。至晚在大德九年（1305）春，大司农司购买蓬莱坊王同知宅一区，至大四年又添建屋子。"大德八年十二月四日，司官集议，为无公廨，止于旧吏部内署事。本司所领天下农桑，及供给内府，不为不重，未备廨宇，诚失观瞻。于是移文左警巡院，置买蓬莱坊王同知宅一区，作公廨。至大四年（1311），添建西架阁库三间"，左右翼室二间，东西司房各三间，佛堂一间。前后临街房十五间，门连西厢房四间，东西架阁库各三间，供膳司正房三间，饧房正房三间，麻泥房正房三间，东西四房。[1]

大都左警讯院，管辖咸宁坊、昭回坊、蓬莱坊等。蓬莱坊，位于天师宫前。[2] 枢密院西为玉山馆，玉山馆西北为蓬莱坊、天师宫。[3] 至元十四年，做崇真宫。[4] 崇真宫，俗名天师宫。崇真宫，玄教大宗师张留孙、

---

[1]　文廷式辑：《大元官制杂记》。

[2]　熊梦祥：《析津志辑佚·城池街市》，北京古籍出版社，1983年，第4页。

[3]　熊梦祥：《析津志辑佚·城池街市》，北京古籍出版社，1983年，第7页。

[4]　虞集：《道园古录》卷二五《河图仙坛之碑》，四部丛刊景明景泰翻元小字本。

吴全节、郑守仁等道士所居。[1] 从海子桥，可南望蓬莱观。马祖常《海子桥》："南望蓬莱观，行人隔苑墙。有时驯象浴，不见狎鸥翔。宫树飘秋叶，江船认石梁。辟雍真可作，拟赋献文王。"蓬莱观，是否在蓬莱坊？蓬莱坊，是否因有蓬莱观得名？不得而知。《析津志》中无蓬莱坊之名。但是，大都城里，确有蓬莱坊，见于元人文集的记载就不少。顾仲瑛说："蓬莱坊里清宵月，也到山家白板扉"；[2] 某某"至元再元之四年，复来京师，明年八月七日殁于蓬莱坊。"[3] 许有壬说："蓬莱坊大兴国寺者，今住持大师比丘尼监、藏巴所创也。寺承制，赐今额，请记于予。"[4] 贡师泰："羽节参差佩陆离，蓬莱坊里日偏迟。"[5] 危素："上清真人佩瑶环，

---

[1] 顾瑛：《草雅堂集》卷一〇《郑守仁》，文渊阁四库全书配补文津阁四库全书。

[2] 顾瑛：《草雅堂集》卷五《老学斋书怀寄京师故人》，文渊阁四库全书配补文津阁四库全书。

[3] 陈旅：《安雅堂集》卷一三《跋吴颢书》，文渊阁四库全书配补文津阁四库全书。

[4] 许有壬：《至正集》卷六〇《大兴国寺碑》，文渊阁四库全书配补文津阁四库全书。

[5] 贡师泰：《玩斋集》卷四《送道士王仲远还江州玄妙观就東李子威太守》，明嘉靖刻本。

远游荆楚何当还。……去年乘风上京国，稽首灵君好颜色。蓬莱坊里烟云深，昔种蟠桃亲手摘。"[1] 以上都是元人文集中提到蓬莱坊。清代，咸佑宫、步军统领衙门，都在这一地区。"元至元间建崇真万寿宫，以处道流张留孙，俗名天师庵，亦曰天师宫。明《图经志书》云，在蓬莱坊，相传今显佑宫及步军统领衙门，即其地"。[2] "步军统领衙门，在地安门外帽儿胡同。"[3]

三、时雍坊伯颜府第

元顺帝至正七年时（1347），大司农司公署，搬到时雍坊丞相伯颜府第。

侯仁之先生主编《北京历史地图集·政区城市卷》第 50 页，至正年间（1341—1368）元大都图显示，顺承门街不长，就是今甘石桥以南到西单路口这一段。[4] 顺承门，明正统间，改曰宣武门，并且向南移动至宣

---

[1] 《危学士全集》卷一四《送米尊师》，清乾隆二十三年刻本。

[2] 《钦定日下旧闻考》卷一五一《存疑》。

[3] 《都市丛载》卷一，光绪刻本。

[4] 侯仁之主编：《北京历史地图集·政区城市卷》，北京出版集团，2013 年，第 50 页。

武门位置，但名称仍旧，清朝因之。有作者说，明代顺承门的位置，大概在今西单北大街南口，到宣武门内大街北口交汇处。[1]元代顺承门的位置，就在后来西单牌楼附近。

实际上，顺承门大街，是一条贯通南北的大街。析津坊，在今积水潭西南岸。《析津志辑佚·河闸桥梁》说："析津桥，在顺承门外"。[2]朝鲜人李穀《元夜析津桥上》："节到元宵便不同，皇都春色更融融。万家灯火黄昏后，九陌风烟暗淡中。静着吟鞭从瘦马，偶随游骑过垂虹。若为不怕金吾问，绕遍天津西复东。"[3]元宵节，大都城春色融融，诗人夜里骑马，偶遇游行队伍，过析津桥，有宵禁，不能遍游海子。《钦定日下旧闻考》说："安富坊，在顺承门羊角市。"[4]安富坊在时雍坊北。可见顺承门大街，从析津坊西南，

---

[1] 皇城根下：《百年城门影像（09）宣武门（顺承门、顺直门）》，见作者新浪博客。

[2] 熊梦祥：《析津志辑佚·河闸桥梁》，北京古籍出版社，1983年，第98页。

[3] 李穀：《稼亭集》卷一六，见《高丽名贤集3》，凤凰出版社，2004年，第51页。

[4] 《钦定日下旧闻考》卷三八《京城总记》第2册，北京古籍出版社，1981年，第602页。

经过发祥坊、集庆坊、安富坊，一直到时雍坊，贯彻今天积水潭桥南到西单北大街一线，即今西单北大街，到西四大街，再到新街口大街一线，是一条贯穿南北的大道。

顺承门，是大都城的南门，从此，可去往中原、江南和西北。陈刚中《出顺承门》："又骑官马过中原，袖有芝泥御墨痕。岭海孤臣天咫尺，五云回首是都门。"[1] 出顺承门，过中原，再到岭海，回首五云坊，就是都城之门。揭傒斯诗云："晓出城南门，怅望江南路。前日风雪中，故人从此去。"[2] 城南门，即顺承门。故人，即何中。何中，字太虚，抚州乐安人，以古学自任，家有藏书万卷，手自校雠，学问宏深该博，广平程巨夫、清河元明善、柳城姚燧、东平王构、同郡吴澄、豫章揭傒斯，皆推服之。林居难共语，帝里易成别，想必何中在京师，逗留时日不浅，与京师这些士大夫交流。何中诗："朝出顺承门，暮宿十里村"[3] 说

---

[1] 陈刚中：《陈刚中诗集·观光稿》，明钞本。

[2] 蒋易辑：《皇元风雅集》卷一五《揭傒斯〈晓出顺承门有怀太虚〉》，元建阳张氏梅溪书院刻本。

[3] 何中：《知非堂稿》卷二《暮宿十里村》，文渊阁四库全书本。

的就是此事。元统年间，揭傒斯为艺文监丞，寓居大
都双桥北，无马，每入直艺文监，步行以往，比同僚
早到晚散。[1] 而奎章阁在兴圣殿西庑宣则门北，[2] 居京
师双桥北。宋褧有诗："顺承门外草如茵。"[3] 出顺承门，
可去中原、江南和关中。

顺承门四个方向，有四座楼，丽春楼（即大司农
司楼）、朝元楼、庆元楼、庆春楼。这四楼，分别位
于顺承门的四个方向。

北边的一座楼，即顺承门内的一座楼，是朝元楼，
"朝元楼，在顺承门内，近（干）石桥，庆元楼北。"[4]
朝元楼，距甘石桥近。

顺承门街道西的一座，是庆元楼。"庆元楼，在
顺承门内街西"。[5]

顺承门内的一座，是丽春楼，"丽春楼，顺承门
内，与庆元楼相对，乃伯颜太师之府第也。今没官，

---

[1] 杨瑀：《山居新语》卷三，中华书局，2006 年，第 225 页。

[2] 朱偰：《昔日京华》，百花文艺出版社，2005 年，第 33 页。

[3] 宋褧《燕石集》卷八《绝句·送同年王在中编修代祀西行》。

[4] 熊梦祥：《析津志辑佚·古迹》，北京古籍出版社，1983 年，第 106 页。

[5] 熊梦祥：《析津志辑佚·古迹》，北京古籍出版社，1983 年，第 106 页。

为大司农司楼。今祠佛焉"[1]。顺承门大街，西为庆元楼，东为丽春楼。丽春楼，是元顺帝后至元六年前丞相伯颜的府第。伯颜被罢黜后，其府第被国家没收，成为大司农司楼。

顺承门外有庆春楼，"庆春楼，在顺承门外"。[2]

看来，元朝建城时，顺承门的北、东、南、西四个方位，分别有四楼，北有朝元楼，东有丽春楼，南有庆春楼，西有庆元楼。朝元楼离干石桥近，干石桥，当为甘石桥。伯颜府第——丽春楼，成为大司农司楼。其位置，北不会超过甘石桥，南不超过顺承门，在顺承门街东。朱彝尊《日下旧闻考》说，此三楼，今俱无考。也有人说："旧传元巴延太师第，在西单牌楼路西，有庆元楼、丽春楼等。此言虽不可考，然尚不相远。以今西城，皆元之故也。余家旧居在西单牌楼马尾斜街。"[3] 单牌楼，是明代才有的，因位于皇城之西，又叫西单牌楼。城市改建扩建，伯颜太师府第，位于西

---

[1] 熊梦祥：《析津志辑佚·古迹》，北京古籍出版社，1983年，第106页。

[2] 熊梦祥：《析津志辑佚·古迹》，北京古籍出版社，1983年，第108页。
光绪《顺天府志·京师志十三·坊巷志》，北京古籍出版社，1987年，第349页。

[3] 震钧：《天咫偶闻》卷五，清光绪甘棠精舍刻本。

单牌楼路西？也未可知。另外，伯颜府第，不可能为一处建筑，当有多处建筑。朝代更迭，城市改建，清朝人都搞不清，伯颜府第究竟在哪里。诗人歌咏："伯颜旧第接西头，滚滚香尘逐紫骝。花市已移灯市改，东风何处丽春楼？"[1] 总之，熊梦祥《析津志》说，元顺帝前期丞相太师秦王伯颜的府第丽春楼，改为大司农司楼。究竟丽春楼在哪里？

《元史》说，"（后）至元元年（1335），伯颜赞帝率遵旧章，奏寝妨农之务，停海内土木营造。四年，息彰德、莱芜冶铁一年，蠲京圻漕户杂徭，减河间、两淮、福建盐额岁十八万五千有奇，赈沙漠贫户及南北饥民至千万计，帝允而行之。其知经筵日，当进讲，必与讲官敷陈格言，以尽启沃之道。太皇太后赐第时雍坊，有旨：'雄丽视诸王邸'。伯颜力辞，制度务从损约。"[2] 伯颜实行一些经济更改和社会救济措施，启发教育元顺帝，太皇太后赐予他时雍坊宅第，而且要求要跟王邸一样雄伟壮丽，因此伯颜府第，内部结构必当壮丽，而且有多所屋。此事在后至元元年。

[1]　黄钊：《读白华草堂集二集》卷八《帝京杂咏》，道光十九年刻本。

[2]　《元史》卷一三八《伯颜传》。

许有壬《至正集》卷四十四《勅赐大司农司碑》："语不云乎，百工居肆以成其事，有其地则有以庀其司，鸠其人则有以僝其功。苟判涣无统，迁于异物，求业之精不可得也。百工且尔，况崇位重秩而亮天工者乎？大司农总天下农政，其崇且重，视古有加焉。厘务之司，宜雄大华邃，而因循卑陋，不称位秩。时雍坊，故相巴延之居，实甲诸第，堂皇突兀，宛若公廨，重阶连栋，栉比鳞集，傍可僚幕，列可曹局，帑庾固密，可以储金币、栖簿书，概以官府所宜有者，无一不具。既归之官，虽力可请赐，而土木胜，人不敢居也。僦之齐民，收其租入，则虞乌合杂糅，日就废坏，独有阐为公廨是宜。乃至正六年（1346）闰十月二十五日，大司农纳克楚僧格实哩、大卿哈达拉图喇特穆尔、少卿穆尔茂苏默、司丞班珠尔、王恪，经历库春特穆尔、都事托音奏：'凡地、舍、邸、肆没入者，悉归农司。巴延之居在其中。议诸中书，农司宜用为廨。'制允其请，遂迁而辟治焉。明年二月二十一日，大司农僧格实哩、吴秉道，大卿……"即至正六年（1346），伯颜府第，成为司农司新的办公楼。

巴延，即伯颜。乾隆时编修四库全书，元人文献中，伯颜,被改为巴延。元人多同名,有好几个伯颜、脱脱。[1]
最著名的有两个伯颜,一太傅淮阳王,一大丞相秦王。[2]
前一个伯颜,是元世祖至元十一年率师平南宋者。许
衡《雪斋书院记》:"姚公茂言:'王文统学术不纯,他
日必反。秀才岂尽皆斯人?'襄阳下,议大举。公奏:
'如求大将,非同知枢密院事巴延不可。'及伯颜陛辞,
勅'逆战者如军律,余止杀掠。古之善取江南者,惟
曹彬一人,汝能不杀,是亦一(曹)彬。'此皆公自潜
邸时,有以启沃而简在帝心也。"姚公茂,即姚枢。巴
延,即伯颜。此伯颜,是元世祖至元十三年平南宋时
元帅伯颜,后为丞相。

后一个伯颜,蔑儿乞氏,是元顺帝前期的丞相。
元统元年(1333)拜中书右丞相,二年十一月进封秦王。
伯颜当政期间,罢科举,奏禁汉人、南人不得执兵器,
拘刷其马匹,禁止农家用铁禾叉。禁汉人、南人学习
蒙古、色目字。朝廷、地方衙门长官皆用蒙古、色目
人。他甚至提出杀张、王、李、赵、刘五姓汉人,元
顺帝没有接受。后至元六年(1340)罢黜为河南行省

---

[1] 章学诚:《文史通义》外篇一《三史同姓名录序》。

[2] 张岱:《夜航船》卷五《考古·祈类》。

左丞相，三月诏徙于南恩州阳春（今广东阳春县）安置。途中病死。[1]此伯颜，即许有壬《勅赐大司农司碑》中所提巴延。后至元六年（1340）伯颜被罢黜，其府第被没收。

时雍坊，故相伯颜之宅第，规模宏大。时雍坊，"实甲诸第，堂皇突兀，宛若公廨，重阶连栋，栉比鳞集，傍可僚幕，列可曹局，帑庾固密，可以储金币、栖簿书，概以官府所宜有者，无一不具。既归之官，虽力可请赐，而土木胜，人不敢居也。傲之齐民，收其租入，则虞乌合杂糅，日就废坏，独有阐为公廨是宜。"伯颜府第，甲于诸第，堂皇突出，宛若公廨，鳞次栉比，房间很多，既可为幕僚办公处所，又有仓库，储存金币、档案等，适合官府所用。没收后，此府第，因其土木建筑宏大，一般人不敢居住，不敢请赐；如果出租给百姓居住，政府收租，则乌合杂糅，破坏建筑。因此，司农司官员请求，伯颜府第，适宜作为政府部门的办公地方，元顺帝批准，伯颜府第，就成为司农司官府。

时雍坊位于何处？时雍坊，在元朝皇城西南角，

----

[1] 白寿彝总主编，陈得芝主编：《中国通史·元时期下》，上海人民出版社，1997年，第363—365页。

顺承门大街（清代西单牌楼，今西单北大街）以东，附近有双塔、海云可庵、大庆寿寺的位置。大庆寿寺建于金世宗大定元年（1161）。元世祖至元四年（1267）建双塔。明代，有大时雍坊、小时雍坊。大时雍坊，原属宣武区，今西城区，即今北新华街、东西绒线胡同一带。小时雍坊，其前身是元朝的时雍坊，其中有龙骧卫胡同、双塔寺胡同、武功（卫）胡同、石虎胡同、李阁老（李东阳）胡同、四眼井胡同、涌泉巷、干石桥街、单牌楼等。清代，"庆寿寺，今为双塔寺，二塔，屹然尚存，在西长安街之北，距宣武门几及二里。"[1] 民国以后邮传部，后来西单电报大楼，现在的信息产业部，就位于双塔附近。双塔，1955年北京市副市长下令拆除。丞相伯颜府第，元顺帝至元六年以后的大司农司办公楼，其位置，大致在今甘石桥以南，西单北大街、西长安街交汇以北，府右街以西，就在这双塔遗址以北处。《析津志》所说顺承门内丽春楼，与许有壬说的时雍坊丞相伯颜府第，是同一组建筑。

---

[1] 许鸿盘:《方舆考证》卷九，清济宁潘氏华鉴阁本。

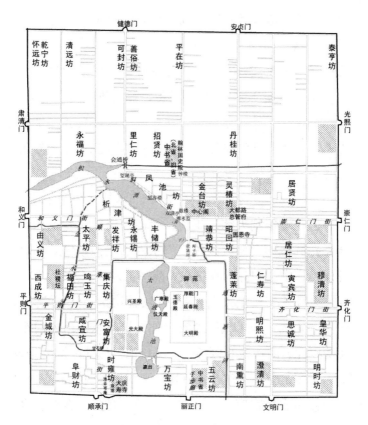

图 1 大都城原中书省、司农司、顺承门街、

会通桥、都水监、双清亭位置推测图

说明：此图以侯仁之先生《北京历史地图集·政

区城市卷》第 51 页元大都图（至正年间）为基础，由

地学部苏筠教授的研究生陶乐同学，根据我的研究和要求，在电脑上绘制。我把顺承门街，延伸到析津坊南；又根据我的研究，在翰林国史院位置，同时标注中书省（北省、旧省）。在省西，从斜街西北到健德门街道上，标注会通桥。又在蔡蕃先生《北京古运河及城市供水研究》100页元代澄清三闸位置示意图基础上，标注双清亭、望海楼、望湖亭。

至元七年到大德八年前，大司农司在北省吏部内办公，其地即今西城区德胜门东六铺炕，今华北电力设计院、中煤国际工程研究总院一带。

大德八年到至正六年前，司农司的办公楼在蓬莱坊王同知宅，今东城区地安门外大街路东，地安门东大街以北，南锣鼓巷以西，交道口街道帽儿胡同一带。

元顺帝至正六年（1340）后，丞相伯颜府第丽春楼，成为大司农司官府。地址在时雍坊。时雍坊在今甘水桥以南，西单北大街和西长安街交汇以北，双塔遗址以北（今北京西单电报大楼前），府右街以西，相当于今西单广场、北京图书大厦、汉光百货到仪亲王府这一片地方。

　　另外，江淮行大司农司，至元二十四年置，以今府治为之。[1]即镇江府治。

---

[1]　元至顺《镇江志》卷一三，清嘉庆宛委别藏本。

元代的都水监和河渠司

　　元朝水利建设的最大成就是沟通京杭大运河。明人修《元史·河渠志》记载元代水利基本状况："元有天下，内立都水监，外设各处河渠司，以兴举水利、修理河堤为务，决双塔、白浮诸水为通惠河，以济漕运，而京师无转饷之劳。导浑河，疏滦水，而武清、平滦无垫溺之虞；浚冶河，障滹沱，而真定免决啮之患。开会通河于临清，以通南北之贷。疏陕西之三白，以溉关中之田，泄江湖之淫潦，立捍海之横塘，而浙右之民，得免于水患。当时之善言水利，如太史郭守敬等,盖亦未尝无其人焉。一代之事功,所以为不可泯也。今故著其开修之岁月、工役之次第，历叙其事，而分纪之，作河渠志。"这段话高度概括了元代都水监、河渠司的作用，以及元代水利的发展。明代宋濂、王祎、

赵埙等近二十位作者，在元朝各实录的基础上，修成
《元史》，其实还是代表了元代官方对水利事业的基本
评价。学术界对元代水利的研究，以《元史》为基本
史料。

关于元代水利机构都水监、河渠司的建置演变，
《元史》众手修撰，半年成书，各处记载，颇多矛盾；
对其工作的评价，元人的看法很有分歧；就是对是否
有必要建立都水监、河渠司这些水利机构，也是莫衷
一是。但是，这些问题，关乎元代水利事业的基本评价，
很有必要搞清楚。元代从世祖中统时，就建有都水监，
及其下属河渠（道）提举司，但由于政治、社会等原因，
时有并合，且废置不常。当时人对设置水利机构有不
同的认识，这直接影响到人们对水学的兴趣，进而影
响到元代水利事业的发展。北方河患频繁，南方太湖
水灾不断，除了受自然因素影响外，还受水利机构废
置不常，以及人们认识上的分歧这些很重要的社会因
素的影响。

一、都水监、河渠司的建置演变及其职责

古代国家的水利部门为都水监，掌管川泽、津梁之政令，总舟楫、河渠。西汉大司农有都水六十五官。汉武帝置水衡都尉，掌管山林川泽，水衡都尉有都水官。汉成帝时置左右都水使者，东汉置河堤谒者。西晋改为都水台，又置前后左右中五水衡，以五使者领之，南朝刘宋置水衡令。萧梁置都水监，或置使者，或置都尉。唐有水部。北宋为都水监，其官员有监、少监、都水使者、令、丞等。都水监下，有河渠司。

元承前制，元初就建立都水监、河渠司等水利机构。中统初，设有都水监的下属提举河渠；至元二年（1265）、三年、五年、八年有都水监、都水少监等职，十三年（1276）都水监并入工部。二十八年（1291）十二月，从丞相完泽之请，"复都水监"。[1] "都水监，秩从三品。掌治河渠并堤防、水利、桥梁、闸堰之事。都水监二员，从三品；少监一员，正五品；监丞二员，

---

[1] 苏天爵编：《元文类》卷三一《都水监记事》，商务印书馆，1958年。

正六品；经历、知事，各一员；令史十人，蒙古必阇赤一人，回回令史一人，通事、知印各一人，奏差十人，壕寨十六人，典吏二人。至元二十八年置。"[1] 至元二十九年正月己亥，命太史令郭守敬兼领都水监事，仍置都水监、少监、丞、经历、知事凡八员，八作司官。旧制六员。今分为左右二司，增官二员。[2] 元仁宗皇庆元年（1312）四月"以都水监隶大司农司"[3]。延祐七年（1320）二月"复以都水监隶中书"，三月，"复都水监秩"[4]。元朝有太府监、度支监、秘书监、司天监等十监。而从至元二十八年，都水监从工部独立出来，到仁宗时，以都水监直隶于中书省，有时以丞相兼任都水监事，说明都水监职责所在，非司农司或工部所能胜任，必须由政府部门—中书省长官来担任，说明国家很重视水利建设。

都水监有分支机构，如山东分都水监、河南分都水监。江南松江府，有江南都水庸田司，把都水监和

[1]《元史》卷九一《百官六·都水监》，中华书局1976年点校本，第2296页。

[2]《元史》卷一六《世祖本纪十三》，中华书局1976年点校本。

[3]《元史》卷二五《仁宗纪二》，中华书局1976年点校本。

[4]《元史》卷二七《仁宗纪四》，中华书局1976年点校本。

河渠司的功能合并为一。分监，简称分都水监，是常设机构。

元末，还有行都水监。元顺帝至正六年（1346），因黄河连年决堤泛滥，置河南山东都水监，专门负责疏通黄河淤塞，但是实际做得不好。至正八年（1348）在济宁路郓城，设立行都水监，以贾鲁行都水监事，考察河患。三年后，对黄河进行大规模的整治。行都水监，是临时机构。

山东都水分监，并不主管山东的农田水利，而是主管济州河、会通河和御河等漕运河道上闸坝的维修，因其驻地在东平路东阿县景德镇，故时称东平分监、东阿分监或东平景德镇行司监，或称分治山东、分治东阿；又因其职在守护御河会通河，故时或称分治会通、守治御河等，其实一也。

原来，元世祖至元十二年三月，丞相伯颜率军攻占建康（今江苏南京），已经见识了江南水乡的水道运输，有意开通济州河和会通河。至元十三年，灭宋后，他返回大都，对张易、赵良弼提出："都邑乃四海会同之地，贡赋之入，非漕运不可；若由民运，民力疲矣"。他到上都向元世祖汇报："江南城郭郊野，市

井相属，川渠交通，凡物皆以舟载，比之车乘，任重
而力省。今南北混一，宜穿凿河渠，令四海之水相通，
远方朝贡京师者，皆由此致达，诚国家永久之利。"[1]
后来，筹划开济州河，筹措经费和人力，至元十八年
十二月，派刘都水及精算数者一人，往济州定开河夫
役，至元二十年八月，济州新河开成，立汶泗都漕运
使司（简称漕运司）。漕运司，主管漕运事务。

至元二十一年（1284）设立山东分都水监，负责
会通河闸坝的维护和运行。至元二十年，"朝廷初以
江淮水运不通，乃命前兵部尚书李奥鲁赤等，调丁夫，
给庸粮，自济州任城，委曲开穿河渠，导洸、汶、泗
水，由安民山，至东阿三百余里，以通转漕。然地势
有高下，水流有缓急，故不能无阻艰之患。二十一年
（1284），有司创为八座石闸，各置守卒，春秋观水之
涨落，以时启闭。虽岁或亢旸，而利足以济舟楫。"八
座石闸，都置守卒管理闸坝，观察水势涨落，以时启
闭。都水监派少监石抹氏，前往济宁，"分都水监事"。
他修复济州任城闸，又"其地之西偏，修饰厅事，以

---

[1]　苏天爵：《元朝名臣事略》卷二《丞相淮安忠武王》。

为使者往来休憩之所。"[1] 厅事，就是当时都水分监的办公处所。这是山东分监萌芽时期。

至元二十六年（1289），会通河成，立于济宁市梁山县梁山镇前码头村东侧的《大元新开会通河记》，详细记载至元二十六年开挖会通河的过程。[2] 从次年开始，都水监"岁委都水监官一，佩分监印，率令史、奏差、壕寨官，往职巡视"。[3] 这时，分监只是每年例行巡视，不是长驻机构。至元二十九年（1292）山东分监正式成立："会通河成之四年，始建都水分监于（东平路）东阿（县）之景德镇。"

山东运河水源不足，修会通河时，是把山东中部各河及源泉的水，汇集到运河，用闸坝蓄水，供漕船使用。所以，山东分都水监的职责，是管理济州河、会通河的闸坝启闭和维修：

　　　　掌凡河渠坝闸之政令，以通朝贡，漕天下，

[1] 谢纯：《漕运通志》卷一〇《俞时中〈重修济州任城东闸题名记〉》，明嘉靖七年杨宏刻本。

[2] 张从军主编，佟佩华、吴双成编著：《图说山东·山东运河》，有师庄闸全景图，山东美术出版社，2013年，第79页。

[3] 《元史》卷六四《河渠一》，中华书局1976年点校本。

实京师。地高平，则水疾泄，故为堨以蓄之。水积，则立机引绳，以挽其舟之下上，谓之坝。地下迤，则水疾涸，故为防以节之。水溢，则纯起悬板，以通其舟之往来，谓之闸。皆置吏以司其飞挽、启闭之节，而听其狱讼焉。雨潦将降，则命积土壤，具畚锸，以备奔轶冲射。水将涸，则聚徒以导淤阏，塞崩溃，而时巡行周视，以察其用命而赏罚之，故监之责重以烦。[1]

地势高平，水流易泄，不能蓄积，修筑工程蓄水。河道蓄积足够的水量，以人力背负纤绳，牵引漕船上下过坝。地势低下，水易干涸，设置堤防来节制水量。河道里水多，则提开闸板，允许商人舟船往来。这些，都需要设置官吏，管理工役启闭闸板、纤绳牵引漕船等事务，还要处理商人舟船之间，漕船与商人舟船之间，因牵引、过坝、排队过闸等一切事务，而引起的争斗和诉讼。同时，雨季，要准备堆土、畚锸，防止霖雨季节大水奔流冲射。旱季，要疏通河道，堵

---

[1] 揭傒斯：《文安集》卷一〇《建都水分监记》，台湾商务印书馆影印文渊阁四库全书。

塞漏洞和崩溃的堤岸，随时巡行堤坝河闸，考察工役是否用力，并执行惩罚。总之，山东分都水监，负责山东运河一切事务。会通河漕运中，纤夫牵引漕船过坝，是一项艰难、惊险的工作。至今山东微山、鱼台运河岸畔，还有一种民间舞蹈——拉粮船，演员模仿纤夫在运河中拉漕船的动作，随着打击乐起舞，"此舞，由起航、航行、闯闸、闯滩、搏击、靠岸、欢庆等七个段落组成。所表现的拉粮船的生活情景，惊险生动，动作粗狂，很具观赏性。"[1]这种地方舞蹈，就是元代漕运的真实反映。

延祐六年（1319）秋九月，到至治元年（1321），河南张仲仁为都水丞，"以历佐詹事、翰林、太医三院皆能其官，且周知河渠事，选任都水丞，冬十有一月，分司东阿。"总管山东河渠之政，"北自永济渠，南至河东，极汶泗之源，滞疏决防，凡千九百余所。"他表示，"愿以函丈之室，制千里之政"。分都水监需要办公场所，使役徒百工受职，下走群吏听令，乡遂老人和州县长官禀政，荆、扬、益、兖、豫数千里供亿之吏视禁，

---

[1] 张从军主编，佟佩华、吴双成编著：《图说山东·山东运河》，山东美术出版社，2013年，第98页。

还有山戎岛夷，遐徼绝域，朝贡之使行礼，朝廷重使住宿，于是重建都水分监公署，在旧公署之西偏，建造内外之屋八十余楹，层层设门，左庖，右库，前列吏舍于两厢，后置客馆，还陈列济州河、会通河、御河等工程展示，所有建筑都环拱内向，环堤隐虹，又折而西，达于大路，高柳布荫，周垣缭城。[1]

东阿分都水监，发挥维护闸坝的作用。后至元四年（1338）秋七月，会通河的河源之一洸河渐堙淤，汶河沙底较平，洸河高于汶河三尺多，山水涨后，涓涓细流，几乎不接会通河，洸河不入会通河，会通河河道浅涩，漕事不畅，且"涨溃东闸，闸司并上之，分监遣壕寨李让相度"，有十八里河道堙淤尤甚。东闸闸司"因言分监，倩有司赞翼"。分监监丞马兀承德，为覆实，备关内都水监，禀中书省。中书省允许分监征发泰安奉符县、东平汶上县六千夫役修浚洸河。五年春创闸未遑。冬，监丞宋伯颜不花，分治会通役，壕寨官岳聚，统监夫千，到后至元六年四月疏浚完工。同时要求"闸司严饰闸板，谨杜闸口，绝塞沙源，勿

---

[1] 揭傒斯：《文安集》卷一〇《建都水分监记》，台湾商务印书馆影印文渊阁四库全书。

令流沙上漫入洸"。[1] 至正元年（1341）都水少监维吾尔人口只儿"仍分监东平"，广积蓄，修公廨。[2] 至正元年春二月乙丑，至夏五月辛酉，都水监丞哈喇乞台氏人也先不华，"分治东平之明年，躬相地宜，黄栋林适居二闸间，遂即其地建之""修建黄栋林闸，又于东岸创河神祠，西岸创公署，署南为台，榜曰遐观，其上构亭，以东与邹峄山对，扁曰瞻峄"，并且在西岸创立公署，为屋十五间。[3] 至正二年（1342），监丞宋伯颜不花，又疏浚洸河下流五十六里。[4] 这说明山东分都水监，一直驻守在东平路东阿县景德镇，而且也发挥作用。

河南分监，或称汴梁路都水分监，又称南分监、汴梁分监，建立较晚，过程较为复杂，说明当时都水监官员，只以保障会通河的漕运为己任，不关心其他

[1] 王琼：《漕河图志》卷四《李惟明〈浚光河记〉》，台湾商务印书馆影印文渊阁四库全书本。

[2] 王琼：《漕河图志》卷五《李惟明〈重修光河记〉》，台湾商务印书馆影印文渊阁四库全书本。

[3] 王琼：《漕河图志》卷六《楚维善〈会通河黄栋林新闸记〉》，台湾商务印书馆影印文渊阁四库全书本。

[4] 王琼：《漕河图志》卷五《李惟明〈重修光河记〉》，台湾商务印书馆影印文渊阁四库全书本。

河道的治理。宋本《都水监厅事记》说，世祖末年，恢复都水监时，就"岁以官一，令史二，奏差二，壕寨官二，分监于汴，理河决，……岁满更易"，[1] 这时，大都城的都水监官，每年只是例行巡视，而非驻守。大德十年（1306）仍由山东分监"兼提点黄河"，且"拘（束）该有司正官提点"。武宗至大三年（1310）十一月，河北河南道廉访司，批评都水监治理黄河无方，建议"于汴梁置都水分监"：

> 黄河决溢，千里蒙害，浸城郭，漂室庐，坏禾稼。百姓已罹其毒，然后访求修治之方。而且众议纷纭，互陈利害。当事者疑惑不决，必须上请朝省。比至议定，其害滋大。……大抵黄河伏槽之时，水势似缓，观之不足为害。一遇霖潦，湍浪迅猛。自孟津以东，土性疏薄，兼带沙卤，又失导泄之方，崩溃决溢，可翘足而待。……
>
> 今之所谓治水者，徒尔议论纷纭，咸无良策。水监之官，即非精选，知河之利害者，百无

---

[1] 苏天爵编：《元文类》卷三一《都水监记事》，商务印书馆，1958年。

一二。每年累驿而至，名为巡河，徒应故事。问地形之高下，则懵不知；访水势之利病，则非所习。既无实才，又不经练。乃或妄兴事端，劳民动众，阻逆水性，翻为后患。为今之计，莫若于汴梁置都水分监，妙选廉干、深知水利之人，专职其任，量有员数，频为巡视，谨其防护。可疏者疏之，可堙者堙之，可防者防之，职掌既专，则事功可立，较之河已决溢，民已被害，然后卤奔修治，以劳民者，乌可同日而语哉。

河北河南肃政廉访司认为，黄河决口改道，影响范围广，灾害损失大，损坏城郭、房屋、庄稼。往往百姓已经受害，官员才访求治理方案。众说纷纭，互陈利害。水利官员不得要领，疑惑不决，需要报请朝廷和中书省定夺。等到上面最终确立治河方案，灾害已经变大。黄河十一月水势似缓，看来似不足为害。实则一旦霖潦，水势迅猛。孟津以东土性疏松，兼带沙卤。治水中，缺少疏泄水之方。黄河决口泛滥，"可翘足而待"。现今治水，只是议论纷纷，都无良策。都水监官员，并非精选，少有知晓黄河利害者。

他们每年乘驿而至，名为巡河，实则虚应故事，照例应付，敷衍了事：不懂地形、水势，既无实才，又无阅历。或者妄兴事端，劳民伤财，违背水性润下，反而为后患。所以，廉访司官员建议，于汴梁路设立都水分监，精选廉洁能干、深知水利者，由专业人才，专职治河，其中设立巡视官，根据实际情况，治理河患。专职负责，可收成效。河已决溢，民已受害，再随便修治，且劳民伤财，不可同日而语。

廉访司的提议很有道理，于是中书省让都水监拟议。都水监认为，现在都水监官升正三品，添官两员，铸分监印，修补缺损溃决，疏通浅涩河道，禁止民船超过漕运船。而黄河，只需要令"分巡提点修治"。理由："黄河泛涨，止是一事，难与会通河有坝闸漕运分监守治为比。"先前已经为"御河添官降印，兼提点黄河，若使专一，分监在彼，则有妨御河公事。况黄河，已经拘束该有司正官提调，自今莫若分监官吏，以十月往，与各处官司，巡视缺破，会计工物、督治"。都水监认为，会通河承担漕运重任，黄河不能与之相提并论。可以由山东都水分监，监管黄河，不必设立专门机构。如果设立河南分监，就会妨碍运河漕运。

中书省批评都水监："黄河为害，难同余水。欲为经远之计，非用通知古今水利之人，专任其事，终无补益。河南宪司所言详悉。今都水监别无他见，止依旧例，议拟未当。如量设官，精选廉干奉公、深知地形水势者，专任河防之职，往来巡视，以时疏塞，庶可除害省。准令都水分监官专治河患。任满交待。"[1] 黄河水害，超过其他河流，必须要有通知古今水利者，专门治理，才能济事。现在都水监的意见，毫无新意，只是依旧例，拟议不当。必须精选廉干、深知地形水势者，专职治理黄河。于是中书省乃"准令都水分监官专治河患"，至此汴梁分监正式成立。[2]

行都水监，有江南行都水监、河南山东行都水监。江南行都水监，主管江南水利。

"大德二年（1298），始立浙西都水监庸田使司于平江路"，[3]庸田使司又叫行都水监，[4]大德七年（1303）

---

[1]《元史》卷六五《河渠二·黄河二》。

[2]《元史》卷六五《河渠二·黄河》，中华书局 1976 年点校本。

[3] 王鏊：《姑苏志》卷一二《水利下》，商务印书馆，2013 年。

[4]《元史》卷一九《成宗纪二》，中华书局 1976 年点校本。

二月，罢江南都水庸田司，[1]大德八年（1304）五月中书省准许江浙行省"立行都水监，仍于平江路设置，直隶中书省"，[2]大德十年（1306）二月，"升行都水监正三品"。[3]至大元年（1308）正月"从江浙行省请，罢行都水监，以其事付有司"[4]何时恢复其建置，待考。泰定初年（1324）改庸田，迁松江。[5]泰定二年（1325）闰月，"罢松江都水庸田使司，命州县正官领之，仍加兼知渠堰事"；六月，立都水庸田使司，浚吴松二江。[6]泰定三年（1326）正月，置都水庸田使司于松江，掌江南河渠水利。泰定四年（1327）十月监察御史亦怯列台卜等言，都水庸田使司扰民，请罢之。[7]后来又恢复。后至元二年（1336）"置都水庸田使司于平江，既而罢之。至元三年（1337），复立"。[8]至正元年

[1] 《元史》卷二一《成宗纪四》，中华书局1976年点校本。

[2] 王鏊：《姑苏志》卷一二《水利下》，商务印书馆，2013年。

[3] 《元史》卷二一《成宗纪四》，中华书局1976年点校本。

[4] 《元史》卷一二二《武宗纪一》，中华书局1976年点校本。

[5] 杨维桢：《东维子集》卷一二《建行都水庸田使司记》，台湾商务印书馆影印文渊阁四库全书。

[6] 《元史》卷二九《泰定帝纪一》，中华书局1976年点校本。

[7] 《元史》卷三〇《泰定帝纪二》，中华书局1976年点校本。

[8] 《元史》卷九二《百官志六》，中华书局1976年点校本。

（1341），重置江南都水庸田使司于平江，秩隆三品，辖江东浙东西道，八年（1348）"以东南租税之出，重在三吴，而三吴水国也，故署都水司平江，而官吏寄署他所，事体弗称"，建江南行都水庸田使司。[1]

河南行监，又称汴梁行监，泰定二年（1325）二月，"姚炜以河水屡决，请立行都水监于汴，仿古法备捍，仍命濒河州县正官皆兼知河防事，从之"。[2] 行都水监，是在裁撤的汴梁分都水监的基础上，改建而成，七月，改汴（分）监为（汴梁）行监，"设官与内监等"，[3] 汴梁行都水监又叫"河南行都水监"。[4] 天历二年（1329）罢，"以事归有司，岸河郡邑守令给衔知河防事"[5]。

至正六年（1346）五月以连年河决为患，置河南山东都水监，"以专疏塞之任"。至正八年（1348）二月，河水为患，诏于济宁郓城立行都水监，九年，又立山

---

[1] 杨维桢：《东维子集》卷一二《建行都水庸田使司记》，台湾商务印书馆影印文渊阁四库全书。

[2] 《元史》卷二九《泰定帝纪一》，中华书局 1976 年点校本。

[3] 苏天爵编：《元文类》卷三一《宋本〈都水监厅事记〉》，商务印书馆，1958 年。厅事记，据《新元史》改。

[4] 《元史》卷二九《泰定帝纪一》，中华书局 1976 年点校本。

[5] 苏天爵编：《元文类》卷三一《宋本〈都水监厅事记〉》，商务印书馆，1958 年。

东河南等处行都水监。十一年十二月，立河防提举司，隶行都水监，掌巡视河道，从五品。十二年正月，行都水监添设判官二员。十六年正月，又添设少监监丞知事各一员。[1]

河渠司是都水监下属机构，大致说来，凡水源丰富处的各路，都有河渠提举司，如大都路河道提举司、东平路河道提举司、宁夏河渠提举司、怀孟路河渠提举司、兴元路河渠提举司等，但后来除保留少数如大都路河渠提举司外，其他都废。中统二年（1261）、三年、四年有提举诸路河渠使、副河渠使的官员，至元二十九年（1292）五月"罢东平路河道提举司，事入都水监"，[2]（都水监）领河道提举司。[3] 中统二年，怀孟路广济提举司王允中、大使杨端仁凿沁河渠成，溉田四百六十余所。[4] 大德初，尚野为"怀孟路河渠副使，会遣使问民疾苦，野建言：'水利有成法，宜隶有司，

---

[1]《元史》卷四二《百官志八》，中华书局 1976 年点校本。

[2]《元史》卷一七《世组本纪十七》，中华书局 1976 年点校本。

[3]《元史》卷九〇《百官志六》，中华书局 1976 年点校本。

[4]《元史》卷四《世祖本纪一》，中华书局 1976 年点校本。

不宜复置河渠官.'事闻于朝,河渠官遂罢"[1]。至大元年（1308）八月"宁夏立河渠提举司,秩五品,官二员,参以二僧为之"[2]。

都水监、河渠司职责是兴修水利去除水害。都水监"掌治河渠,并堤防、水利、桥梁、闸堰之事"[3],通惠河一切事宜,二十四闸,一百五十六桥,还有接运粮提举司一千四百五十一车户,都属于都水监管理。[4]

山东分监,掌管会通河维修等,先把草土闸,改建成木石闸。[5]"掌凡河渠坝闸之政,……皆吏以司其飞挽启闭之节,而听其狱讼焉;雨潦将降,则命积土壤、具畚插,以备奔轶冲射;水将涸,则发徒以道淤阏塞崩溃;时而巡行周视,以察其用命不用命,而赏罚之,故监之责重以烦"。[6]包括维护闸门,启闭闸门,

---

[1] 《元史》卷一六四,《尚野传》,中华书局 1976 年点校本。

[2] 《元史》卷二二《武宗纪一》,中华书局 1976 年点校本。

[3] 《元史》卷九〇《百官志六》,中华书局 1976 年点校本。

[4] 王琼:《漕河通志》卷一〇《欧阳玄〈中书右丞相领治都水监政绩碑〉》。

[5] 《元史》卷六四《河渠志一》,中华书局 1976 年点校本。

[6] 揭傒斯:《文安集》卷一〇《建都水分监记》,台湾商务印书馆影印文渊阁四库全书。

处理狱讼，积土堆，管理工具，防止河水冲决运河闸坝，防止发生闸河淤塞，巡视河道，赏罚违规。河南行都水监主管黄河修治。黄河每年泛滥两岸，时有冲决。大德九年黄河决徙，逼近汴梁城，几乎浸没。后来连年危害，南至归德，北至济宁。至正五年，大司农司下都水监，移文汴梁分监修治。汴梁分监于至正六年十一月到来年三月修治。江南行都水监，也叫江南都水庸田司，掌管江南水利，督责"修筑围田，疏浚河道"，并负责追究势家侵占湖畔等破坏水利行为。[1]相比较起来，山东分监主管会通河维护，江南行监主管江南水利。

各河道提举司有两项职责，一是掌管修浚河渠，至元七年（1270）《农桑之制》十四条规定："凡河渠之利，委本处正官一员，以时浚治。或民力不足者，提举河渠官相其轻重，官为导之。"[2]二是调节各河渠灌溉用水的分配，如，广济渠司规定"水分"，"验工分水"，"遇旱则官为斟酌，验工多寡，分水浇灌；[3]再如，

---

[1] 王鏊:《姑苏志》卷一二《水利下》，商务印书馆，2013年。

[2] 《元史》卷九三《食货志一》，中华书局1976年点校本。

[3] 《元史》卷六五《河渠志二》，中华书局1976年点校本。

兴元路山河堰，"设河渠司以领之，其秩五品，其任职也专，其受责也重，故堰之修理，无抛弃渗漏之水，水之分表，无浇灌不均之田，视夫水之多寡以为水额，强不得以欺弱，富不得以兼贫。浇灌之法，自下而上，间有亢旱之年，而无不收之处"[1]。河渠司不仅负责主持修治河渠，而且负责分配用水，调节用水矛盾，对当地农业发展起重要作用。大都河道提举司的职责更重，有 61 名通惠河闸官和会通河闸官，负责维护通惠河、会通河、御河的 5 闸、7 坝、都城内外 156 桥，以及积水潭的一切事务："凡河若坝填淤，则测以平而浚之，闸桥之木朽瓮裂则加理。闸置则，水至则，则启以制其涵溢。（积水）潭之冰供尚食。金水入大内，敢有浴者、浣衣者、弃土石瓶其中、驱马牛往饮者，皆执而笞之；屋于岸道，因以陋病牵舟者，则毁其屋。碾磑金水上游者，亦撤之。或言某水可渠可塘可捍以夺其地，或言某水垫民田庐，则受命往视，而决其议，御其患，大率南至河，东至淮，西泊北尽燕、晋、朔漠，

---

[1] 蒲道源：《顺斋先生闲居丛稿》卷一七《论兴元河渠司不可废》，北京图书馆出版社，2005 年。

水之政皆归之"[1]，国家历来重视都水监人选，如揭氏所说："惟国家一日不可去河渠之利，河渠之政一日不可授非其人。"[2] 从元代始，出现了"水学者"[3]"水政"[4]等词汇，这表明水利在国家及社会经济生活中拥有了一席之地。

二、论元人对都水监河渠司的评价

元代水利工程并非全由都水监河渠司负责，但都水监和各处河渠司确实兴修了不少水利工程，并且调节用水，有些工程还泽及后世。明初史臣说："元有天下，内立都水监，外设各处河渠司，以兴举水利、修理河堤为务。决双塔、白浮诸水为通惠河，以济漕运，

---

[1] 苏天爵：《元文类》卷三一《都水监厅事记》，四部丛刊景元至正本。《漕河图志》卷五《欧阳玄〈中书右丞相领治都水监政绩碑〉》，台湾商务印书馆影印文渊阁四库全书。

[2] 揭傒斯：《文安集》卷一〇《建都水分监记》，台湾商务印书馆影印文渊阁四库全书。

[3] 王琼：《漕河图志》卷六《刘德智〈兖州重修金口闸记〉》，台湾商务印书馆影印文渊阁四库全书。

[4] 王琼：《漕河图志》卷五《欧阳玄〈中书右丞相领治都水监政绩碑〉》，台湾商务印书馆影印文渊阁四库全书。

而京师无转饷之劳。导浑河、疏滦水，而武清、平滦无垫溺之虞。浚冶河、障滹沱，而真定免决啮之患。开会通河于临清，以通南北之货。疏陕西之三白，以溉关中之田。泄江湖之淫潦，立捍海之横塘，而浙右之民得免水患。当时之善言水利，如太史郭守敬等，盖亦未尝无其人焉"，[1] 对元代水利工程的发展给予高度评价。

但是，元代人对都水监河渠司的设置及其工作成就，有几种意见。第一种是，不仅认为水利官员治水不利，水利机构对水利事业无益，甚至认为水利官员不必设立，水利机构不必存在；第二种是认为水利官员对治水有积极作用，水利机构必须常设不废。第三种是认为水利机构应该发挥作用，但实际上不仅没有发挥作用，甚至成为搜刮人民赋税的机构。

第一种意见，以河北河南道廉访司胡祗遹为代表。至元十九年左右，廷议拟"分立诸路水利官"，胡祗遹著文论此事有"六不可"：

---

[1] 《元史》卷六四《河渠志序》，中华书局 1976 年点校本。

均为一水也，其性各有不同，有薄田伤稼者，有肥田益苗者，怀州丹、沁二水相去不远。丹水利民，沁水反为害。百余年之桑、枣、梨、柿，茂材巨木，沁水一过，皆浸渍而死，禾稼亦不荣茂，以此言之，利与害与？似此一水不唯不可开，当塞之使复故道，以除农害，此水性之当审，不可遽开，一不可也。

荆、楚、吴、越之用水激而使之在山。此盖地窄人稠，无田可耕，与其饥殍而死，故勤劬百端，费力百倍以求其食。我中原平原沃壤，桑麻万里，风雨时若，一岁收成得三岁之食，荒闲之田、不蚕之桑尚十四，但能不夺农时，足以丰富。何苦区区劳民，反夺农时，一开不经验之水，求不可必之微利乎？此二不可也。

前年在京，以水上下不数里，小民雇工有费钞数贯，过于一岁所有丝银之数，竟塞遏不能行。何况越山逾岭，动辄数百里，其费每户岂止钞数贯，其功岂能必？……此三不可也。

且如滏水、漳水、李河等水，河道岸深，不能便得为用。必于水源开凿，不宽百余步，不能容水势。霖雨泛溢，尚且为害，又长数百里，未得灌溉之利，所凿之路，先夺农田数千顷，此四不可也。

十年以来，诸处水源浅涩，御河之源尤浅涩。假诸水之助，重船上不能故唐庄，下不能过杨村，倘又分众水以灌田，每年五六百万石之粮运，数千只之盐船，必不可行，此五不可也。

四道劝农，已为扰民，又立诸道水官，土功并兴，纷纷扰扰，不知何时而止，费棒害众，此六不可也。[1]

其中一、二、四、五条是说，水性各异，不可开发水利，中原沃野不需开发水利，修河渠未沾灌溉之利反而占夺农田、灌溉农田必妨碍遭运粮盐；三、六两条是说费钞侵夺农时。因此，他反对"分立诸路水利官"。他的有些看法，并无道理。例如，中统二年（1261）在沁河上修成长670里的广济渠，二十余年

---

[1] 胡祇遹:《紫山大全集》卷二二《论司农司》，台湾商务印书馆影印文渊阁四库全书。

中每年灌溉民田三千余顷，[1]何曾为害？中原之民何曾一岁得三岁食？他的建议是否被采纳，文献不载。但是从各路都置有河渠提举司看，其建议可能没有被采纳。

持第二种意见者，以任仁发、浦道元为代表。江南行都水监（都水雍田司）废置不常，特别是在大德八年（1305），江南行监任仁发，成功地主持疏浚吴淞江后，有人建议宜由其他部门兼管水利。任仁发认为，江南行监，有功于江南水利和农作物收成："比年浙西所收子粒分数，比之淮北，数几十倍，皆吴淞江三闸并诸坝口，出放涝水之力。以未开吴淞江之前，大德七年亦遭水害，所收子粒分数，比大德十年，不及三分之一。以此论之，则水监岂为无功？……况自归附以来二三十年，所积之病，岂半年工役之所能尽哉？"大德八年，任仁发为江南行监少监，浙西亩产比淮北高近十倍。这应当归功于吴淞江水利工程能有效泄水。而大德七年，浙西未受水害，粮食亩产，还不及发生水害的大德十年三分之一。两相比较，这就有力证明

---

[1] 《元史》卷六五《河渠志二》，中华书局 1976 年点校本。

了江南行都水监所修治和维护的水利工程，有益于庄稼丰收。何况，元朝平定南宋二三十年来所积累的问题，岂是半年水利工程就能解决的？

他针对"行都水监既是有益衙门，何谓众口一词皆谓无益，而明议罢之？"的说法，回答说："彼愚民无知，但见一时工夫之繁。豪民肆奸，有吝供输募夫之费。所以百端阻挠，但为无益以败事。殊不知，浙西有数等之水，拯治方略皆不相同，非专司不能尽力其成功。使水监衙门，真如无事，古之有国者，亦废而不举久矣。何谓周、汉、唐、宋之世，未尝不一日用心尽力。经营水利之事，列之史传，代不乏人。故谚曰：'水利通，民力松'，斯言信矣。并浙西水利低下之处，不须水监拯治，即今中原高阜之处，安用水监、河道司为哉？然则高阜之处，水监既不可缺，而低下之处，乃谓水监不必置立，何不思之甚也？"[1]地方百姓只顾目前，不顾长远，反对设立江南行都水监，是因为百姓畏惧水利工程的劳役繁重，而豪民又吝啬不愿意拿出雇役钱，所以百般阻挠江南行都水监的工

----

[1] 王鏊：《姑苏志》卷一二《水利下》，商务印书馆，2013 年。

作。其中一条就是指责都水监，治水无方。任仁发认为，浙西有数等之水，治水方略不同，必须有专门机构才能有能力治理。如果说，都水监是无益衙门，为什么古代王朝、皇朝如周、汉、唐、宋，未尝一日不尽心水利。浙西豪民还有一说，浙西水利处于地势低处，不像黄河堤坝地势较高，需要专门水利机构。他认为，不论地势高低，都需要专门的水利机构。江南和中原一样，都需要设立专门的水利机构，而不能让其他机构兼管水利。

元朝陕西农田水利，除了关中郑白渠外，还有陕西兴元路山河堰灌渠。兴元路（今陕西汉中）于窝阔台汗四年（1232），被拖雷攻下。蒙哥汗三年（1253），蒙哥分赏诸王。忽必烈得京兆封地，他建立京兆宣抚司。中统、至元时，陕西兴元府（今陕西汉中），设立河渠提举司，管理河渠水利。约元文宗天历二年（1329）陕西大灾，"关中之灾，近古罕见，疾疫固天之流行，而饥馑亦岁之代有，至于人民相食，以及其亲属，尚可忍闻而忍言哉？"朝廷派蔡逢源任陕西行省参政，实行救荒。

浦道元（中统五年至后至元二年，1264—1336），字得之，陕西兴元路兴元府安仁坊人。为郡学正，教授乡里三十余年。他倡导周敦颐和张载学说，真知实践，不事矫饰，而于名物度数，下至阴阳医药，无不究其精微，教人具有师法，大抵以行检为先。[1] "皇庆二年（1313）癸丑，征为翰林国史院编修官，三年以应奉翰林文字同知制诰，[2] 进国子博士，期岁辞归，时年六十一。又十年（泰定帝年间，1323—1325）擢陕西儒学提举。赠秘书少监。[3] 当蔡逢源任陕西行省参政后，蒲道原写信给他，说："国家自有关陕以来，涵育几（近）百年，生齿之繁夥，一旦疾疫、饥荒，相戕害，而食与夫流徙四方者，十室而九空矣，州郡县邑荒凉至甚，人情所不乐居"。[4] 当时为裁并机构，撤销陕西兴元路河渠司。蒲道元再次寄信给陕西行省参政蔡逢源，反对裁撤兴元路河渠司。

兴元府山河堰，相传汉萧何修，灌溉南郑、褒城两县农田。北宋大中祥符年间，许逖担任兴元府知府，

---

[1] 《金华文集》卷四三《顺斋先生文集序》。

[2] 蒲道源：《顺斋先生闲居丛稿》卷二五《何氏宜人丛稿》。

[3] 《金华文集》卷四三《顺斋先生文集序》。

[4] 蒲道源：《顺斋先生闲居丛稿》卷一七《与蔡逢源参政书》，北京图书馆出版社，2005年。

大修山河堰。山河堰，以前溉民田四万余顷。许逖率
领工徒，躬治木石，堰成，岁谷大丰，得嘉禾十二茎
以献。[1]溉民田四万余顷。宋仁宗嘉祐中，提举常平
史炤，向朝廷奏上堰法，获降敕书，刻石堰上。绍兴
时，杨政为汉中太守，六堰久坏，失灌溉之利，杨政
兴工修复。南宋以来，户口减少，堰事荒废，中间多
次修复，旋即决坏。乾道二年（1166）吴璘镇守汉中时，
修复古堰，溉田数千顷。乾道七年（1171），吴拱修六堰，
浚大小渠六十五（里），用水工法修堰，溉南郑、褒城
田二十三万余亩。

绍兴七年（1137）五月，吴玠等修兴元府洋州渠
堰。[2]"昔之瘠薄，今为膏腴"。[3]元朝，兴元路河渠司
设置多年，曾经发挥作用。后来为节省官员俸禄，就
裁撤兴元路河渠司。

浦道元说：

> 兴元之河渠司，乃不可废者也。兴元之为郡，

---

[1] 《欧阳文忠公文集》卷三八《司奉员外郎许公行状》。

[2] 王应麟：《玉海》卷二三《地理·乾道六堰》，说二十三万顷，非。

[3] 《宋史》卷九五《河渠志三》，《宋史》卷一七三《食货志上一·农田》。

其地之广衍，视他大郡不及十之二三，所恃者惟渠堰而已。渠堰之水，兴元民之命脉也。渠堰在在有之，无虑数十，然皆不及山河堰之大，其浇灌自褒城县境，于南郑县江北之境。

兴元，今陕西汉中，面积不大。人民生产生活所能依靠的，唯有渠堰灌溉农田。兴元路渠堰在在都有，不下数十，但都不及山河堰大。山河堰灌溉范围，从褒城县境到南郑县江北。所以说，"渠堰之水，兴元民之命脉也"。这是目前所见，北方较早对水利关乎民生重要性的典型的说法，比"水利是农业的命脉"的说法还要早600年。

浦道元说："间有亢旱之年，而无不收之处。"后来减省冗员，河渠司亦被罢废，"自是以来，委之有司。而有司复差设掌水者，率不知水利之人，是以政出多门而不一矣，法生多弊而莫制焉。堰不坚密，水抛弃于无用。拔盖，水门也，无人巡视；筒盖，则水以浇田者，高下任移。自下而上浇灌之法废，强得欺弱，富得兼贫，以力争夺，数日之间，倏忽过时，而不及事。官府又不为理，如秦人之视越人之肥瘠。岁稍值旱，惟田近上源之渠者得收，下源远渠者全不收矣。
修堰之时，下源一例纳木供役，而不得水浇灌。赋税
公田之征，定额则不可免。民转沟壑则可知矣。其罢
河渠司也，不过岁省官吏俸给数十绢之费尔，然足食
足赋税不□，以今赈济所费校之，孰为多乎？"河渠
司专门主管修治渠堰，分配调节用水，即使有亢旱之
年，河渠司执行"先下游，后上游"的浇水次序，下
游农田也能得到灌溉，上下游庄稼都能保证收成。裁
撤河渠司以后，维护渠道和分配水利之事，不能随之
撤销，而是让地方官员承担河渠司的职能。地方官员
事务繁多，把这种职能差事，又另设掌水者。裁撤了
机构，节省了人员，但维护河渠、分配水利的职能差事，
没有撤销。各县新设立的掌水者，不了解水利。政出
多门，不能正常执行浇水条例、堤坝不坚密，渠水渗漏；
无人巡视水门（水闸）；浇水所用筒车，随意挪动位置；
不能按照自下而上的浇水次序，富人以强凌弱，以力
争夺水利，耽误浇水；官府不能处理水利纠纷。一遇
到旱灾，只有上游田近水源的土地得到灌溉，有收成。
下游离渠道远的土地，几乎颗粒无收。当初修理渠堰
时，上下游都一例交纳木材、出人力参加劳动，现在，

土地不能灌溉，赋税定额却一点都不能少。裁撤河渠司，不过省官吏俸禄，但救济灾荒费用，与裁撤河渠司所省的俸禄，孰多孰少？！他希望行省"权分委属陕西渠堰官吏、奏差等官各一员，监视兴元渠堰，庶使水利均平，岁无荒歉之患。盖利于民，即利于国也。"[1]利民即利国，这是把农田水利与国家利益，置于平等地位。

浦道元和任仁发，都希望朝廷能保留水利机构的建置，从而发挥其作用。持有这种想法者，不在少数。浦道元、任仁发，只是代表了各地人民的想法。

第三种意见认为，水利部门应该发挥作用，但未发挥作用，如江南行都水监，就受到批评。至正八九年，余阙说："国家置都水庸田使于江南，本以为民，而赋税为之后。往年，使者昧于本末之义，民尝以旱告，率拒之不受，而尽征其租入。比又以水告，复逮系告者，而以为奸治之。其心以为官为都水，而民有水旱之患，如我何？于是吴越之人，咻然相哗，以为厉已。"本来，国家设置江南都水庸田司的目的，是兴

---

[1] 蒲道源:《顺斋先生闲居丛稿》卷一七《论兴元河渠司不可废》，北京图书馆出版社，2005年。

修水利，但官员们却以征收江南赋税为己任。民众报告水旱灾荒，往往逮捕报告者，将民众疾苦高高挂起，对其漠不关心。民众认为水利机构就会坑害百姓。"东南民力，自前已谓之竭矣。况今三百余年，昔之盛者衰，登者耗。今其贫者力作以苟生，富者悉力以供赋，有持其产为酒食，予人人皆望而去之。其穷而无告甚于前世益远矣。其可重困之？今而得贤使者以莅之，修其沟浍，相其作息，不幸而有水旱之灾，则哀矜而为之所。民之穷者，其少瘳矣乎？"[1]江南都水监，往往只征收租入，而不管治理水旱灾荒，甚至把报告水旱灾荒者，逮捕起来，并且治罪，使吴越人民哗然。余阙认为，自北宋起，东南民力衰竭已经三百年，以往繁盛者衰落，以往发达者减耗，贫者力作，换来苟且偷生，富者全力交纳赋税，或者以有田为累，变卖田产，甚至穷苦无告，叫天天不应，叫地地不灵。在这种情况下，如何使东南人民休养生息，兴修水利，水旱灾荒之年，使人民各得其所，使贫民能稍微改变窘境，有待于江南行都水监的积极作为。

---

[1] 《青阳集》卷四《送樊時中赴都水庸田使序》，四部丛刊续编景明本。

余阙《送樊时中赴都水庸田使序》，作于至正八年或九年二月，湖北鄂州城。朝廷用樊时中为江南都水庸田使。余阙有诗："桃花灼灼柳丝柔，立马看君发鄂州。"[1] 樊时中，亲历至正十二年（1352）平江海运漕粮被劫事件。至正八九年，樊时中为江南湖北道肃政廉访使，十年授江浙行省参知政事。"至正十二年二月督海运于平江，卜日将发，官大宴犒于海口。俄有客船自外至，验其券信令入，而不虞其为海寇也。海贼焚舟劫粮。"他跑到昆山，懊恼自责。及还省，海寇犯余杭，他与海寇巷战，射死贼七人。[2] 杨瑀《山居新语》卷四："至正十二年壬辰七月初十日，徽贼入寇杭城"，樊时中为浙省参政，亟出御贼，北行至岁寒桥遇害，与次妻溺水西湖中。时潭州路总管鲁至道作二诗挽之。[3] 关于发船时间，海寇还是徽贼，是否巷战，《元史》和《山居新语》记载不同。《山居新语》作于至正二十年，有鲁至道诗为证，比明初依墓志铭行状等国史资料所作《元史》要早。但是，可以确定至正十二

---

[1] 《青阳集》卷一《送樊时中》，四部丛刊续编景明本。

[2] 《元史》卷一九五《忠义传三》。

[3] 杨瑀《山居新语》卷四，中华书局，2006年，第229页。

年海运漕粮被劫事件的真实性，故赘言及之。

比较起来，三种意见都有道理，第一种意见讲，河北诸河不适宜发展农田水利，以及水利官员不专业，很有道理。第二种意见讲，江南行都水监和陕西兴元路，废除河渠提举司，因为裁撤河渠司官员，导致政府不能行使维护、管理和分配水资源的职能。而以往水利实践证明河渠司有功于地方水利。第三种意见认为，应该大力支持河渠司的工作。这三种意见，反映的都是实际情况，都有道理。但是，都水监河渠司，只能解决技术问题，政治问题非其所能解决，因此不能否定都水监河渠司的作用。从水政实际看，某一时期都水监河渠司的废罢，直接影响到农田水利的发展。如，中统三年（1262）修成的广济渠，能浇灌济源等五县民田三千余顷，国家设置河渠官提调水利，他们维护渠堰、验工分水，二十年中使广济渠沿线农民，咸受其利。但是，后来，势家霸占垄断水利，渠口堤堰的颓塌，"河渠官寻亦革罢，有司不为整治，因致废坏"[1]。从国家政策看，国家关心运河畅通，以漕运

---

[1] 《元史》卷六五《河渠志二》，中华书局 1976 年点校本。

江南粮食，甚于关心黄河决口之灾和灌溉之利，关心江南赋税征收甚于关心江南水利兴修。对于河患，朝廷只关心运河的修建与维护，治河方略以不影响运道为要，所谓"黄河泛涨止是一事，难与会通河有坝闸漕运、分监守治为比"，[1] 因此，也少有人研究治河，这使元中期以前，元人在有关治河方针政策和重大技术问题上，虽议论纷纷，但没有什么有价值的看法。[2] 贾鲁治河成功，正因为黄河"水势北侵安山，沿入会通运河，延袤济南、河间，将坏两漕司盐场，妨国计甚重。省臣以闻，朝廷患之"。[3] 朝廷决心治河，这时都水监才能发挥作用。

太湖流域水灾频繁："钱氏有国一百余年，止长盈年间一次水灾。亡宋南渡一百五十年，止景定间一二次水灾。今则一二年，或三四年，水灾频仍"[4]。今人统计元代太湖流域水灾频率，唐朝二十年一次、北宋

---

[1] 《元史》卷六五《河渠志二》，中华书局 1976 年点校本。

[2] 武汉水利电力学院编：《中国水利史稿·中册》，水利电力出版社，1987 年，第 296—298 页。

[3] 《元史》卷六五《河渠志二》，中华书局 1976 年点校本。

[4] 王鏊：《姑苏志》卷一二《水利下》，商务印书馆，2013 年。

六七年一次。[1]为什么？因为南唐和南宋"全藉苏、湖、常、秀数郡所产之米，以为军国之计。当时尽心经理，使高田低田，各有制水之法。其间水利当行，水害当除，合役居民，不以繁难；合用钱粮，不吝浩大。又使名卿重臣，专董其事。富家上户，美言不能乱其法，财货不能动其心。凡利害之端，可以兴除者，莫不备举。又复七里为一纵浦，十里为一横塘。田连阡陌，位位相承，悉为膏腴之产。设有水患，人力未尝不尽，遂使二三百年间，水患罕见"。[2]南唐和南宋，军国所需，全资江南苏、湖、常、秀数郡所产之米，所以重视水利。居民不怕繁难，国家不吝用钱粮，国家派大臣主持其事，而富家大户，不能扰乱视听，地方政府全心全意兴修水利，消除水患。塘浦纵横。

而元朝建都于燕京，仰赖漕运海运江南粮食，但并未重视江南水利，余阙说："国家置都水庸田使于江南，本以为民，而赋税为之后。往年使者昧于本末之义，民尝以旱告，率拒之不受，而尽征其租入。比又以水告，复逮系告者而以为奸治之。其心以为官为都水，而民

---

[1] 缪启愉：《太湖塘蒲汗田史研究》，农业出版社，1985年。

[2] 王鏊：《姑苏志》卷一二《水利下》，商务印书馆，2013年。

有水旱之患如我何？于是吴越之人咻然相哗，以为厉已"[1]。而且有些蒙古达鲁花赤，或其他高级官员，又不熟悉地理水利，"攫居重任者，或未知风土之所宜也，以为浙西地土水利，与诸处同一例，任地之高下，任天之水旱。所以一二年间，水灾频仍，皆不谙风土之同异故也"。[2] 元立国近百年，几乎年年疏浚太湖下游河道，但只有大德元年（1297）和大德八年（1305），分别由浙江行省平章彻里、都水监承任仁发主持的两次工程效果较好。这说明，太湖水灾频繁，不是江南行都水监之过，而正是江南行都水监废置不常、不懂水利之过。

从人地关系看，元代地方豪势之家，侵占河道，比前代更严重。"黄河涸露旧水泊污地，多为势家所据，忽遇泛滥，水无所归，遂致为害。由此观之，非河犯人，人自犯之"[3]。江南势家围湖造田，比前代更严重。吴淞江"（撩洗）军士罢散，有司不以为务，势豪阻占

---

[1] 余阙：《青阳集》卷二《送樊时中赴都水庸田使序》，台湾商务印书馆影印文渊阁四库全书。

[2] 王鏊：《姑苏志》卷一二《水利下》，商务印书馆，2013 年。

[3] 王鏊：《姑苏志》卷一二《水利下》，清文渊阁四库全书本。

为荡为田，……以致湮塞不通，公私俱失其利久矣"。大德时两次疏通。但英宗至治时（1321—1323）"比年又复壅塞，势家愈加租占，……旧有河港，联络官民田土之间，藉以灌溉者，今皆填塞"；练湖，"豪势之家，于湖中筑堤围田耕种，侵占既广，不足受水，遂致泛滥"。淀山湖，"势豪绝水筑堤，绕湖为田。湖狭不足潴蓄，每遇霖潦，泛滥为害"。江南行省，虽兴言疏治，但或"因受曹总管金而止"，或因"阴阳家言癸亥年（泰定帝三年，1323）动土有忌"而止[1]。

这种情况持续到元末。至正元年（1341），江浙行中书左丞相钦察台言，浙西水利，近年有司失于举行，堤防废弛，沟港湮塞，水失故道，民受重困。今后莫若岁委都水监官一员分治。于是于平江路复立都水庸田使司，工部尚书、行省平章政事、南行台、浙西廉访司，都聚集嘉兴，首会郡堂，以商论堂书讦谋，准备大兴水利工程。浙西平章见"役巨民疲"，与其他官员意见不合，会议罢散。吴人陆行直，秉承平章旨意，上书给有关机构，说"辛巳（1341）太岁位在东南，浙

---

[1] 《元史》卷六五《河渠志二》，中华书局 1976 年点校本。

间丁其方位，修营动土，历家忌之。"这些说法，最后
到达朝廷。工部尚书怒系陆行直，让中书省驳斥他，
并论罪。于是才能举行水利，撩漉吴松江沙泥，疏浚
各闸以及石塘等。[1] 人水争地，也是政治问题，绝非
水利机构所能解决的。总之，只有国家重视治水时，
水利机构才能发挥治水作用；政治问题，非水利机构
所能解决，因此而否定都水监河渠司的建置，这是不
公平的。

元代水利机构的建置演变，以及元人的评价，具
如上述。都水监、河渠司，在元代废置不常，所谓"以
置不常，人视为邮舍"[2]，直接影响到人们研究水利的
兴趣，元代并未出现有代表性的水利著作；同时也影
响到元代水利事业的发展，除全力保证运河畅通外，
北有黄河河患频繁，南有太湖屡次发生水灾，但均缺
少有效的治理；虽"尝莅是者，无虑百余人。其勤劳
职业者，岂少哉"[3]，但毕竟像郭守敬、任仁发、贾鲁

---

[1] 王鏊：正德《姑苏志》卷一二《水利下》，清文渊阁四库全书本。

[2] 杨维桢：《东维子集》卷一二《建行都水庸田使司记》，台湾商务印
书馆影印文渊阁四库全书。

[3] 王琼：《漕河图志》卷五《欧阳玄〈中书右垂相领治都水监政绩碑〉》，
台湾商务印书馆影印文渊阁四库全书。

这样的水利专家太少。这些与元代水利机构的建置不常，不无关系，而这绝非水利机构本身所能解决的。

元大都城原中书省、都水监、双清亭位置考证

元代大都城都水监的位置，蔡蕃先生指出，在后门桥附近，当在今地安门商场西侧。[1]这是对的。同时，还可以从原中书省（北省、旧省）、善利堂、平成堂、双清亭的位置，来细化这个问题。

积水潭岸边，有都水监善利堂、平成堂、双清亭。善利堂是都水监厅事，平成堂是都水监首领官幕次亭，双清亭是都水监幕官所集之地。都水监厅事三楹，曰善利堂，东西屋以栖吏。堂右少退曰双清亭，则幕官

---

[1]　蔡蕃：《北京古运河与城市供水研究》，北京出版社，1987年，第142页。本章写作中多次请教蔡蕃先生并与他讨论，也请教尹钧科先生、孙冬虎先生、王岗先生。特此向各位先生致谢。

所集之地。[1]善利堂三楹（凡二门），东西屋，吏员驻所，即都水监吏员宿舍。双清亭，为幕官所集之地。"平成堂，都水监首领官幕次亭"。[2]堂，亭，是不同的建筑。亭，有顶无墙，供休息用的建筑物，多建筑在路旁或花园里。堂，正房，高大的房子，官吏办公的地方，称为堂。平成堂，又被称为亭，不可解。

都水监、善利堂，其位置在何处？《析津志辑佚·城池街市》有善利坊，其位置不详。[3]《元一统志》说，"三相公寺前，善利坊、乐道坊、好德坊。招贤坊，在翰林院西北。"[4]三相公寺，为三位丞相所立，当与中书省有关。

元世祖至元四年(1267)建新都时，中书省公署在凤池坊北。《庙学典礼》卷三《廨宇》云：

　　　　京师省府有二：一在凤池坊北，中书省治也。一在宫城南之东辟，尚书省治也。尚书省废，故

---

[1] 苏天爵编：《元文类》卷三一《宋本〈都水监厅事记〉》，商务印书馆，1958年。

[2] 熊梦祥：《析津志辑佚·古迹》，北京古籍出版社，1983年，第109页。

[3] 王岗：《元大都新旧两城坊名考略》，《首都博物馆丛刊》，2009年。

[4] 《钦定日下旧闻考》卷三八《京城总记》引，北京古籍出版社，1981年，第602页。

秘书（监）恒与兵、礼二部，易地而治，经典庋阁、厅堂局曹宇，与事称，……

至元十二年（1275），……去年太保在时，钦奉圣旨，于大都东南文明地面上相验下，起盖司天台庙宇及秘书监田地，不曾兴工。……至元二十四年（1287），于旧礼部置监。……至大四年（1311），泉府院廨宇，拨作秘书监。……皇庆元年（1312），秘书监依旧移于北省礼部置者。……移到鼓楼后宗仁卫衙门里。……至治二年（1322）十月十九日，秘书监御览禁书，教移将南省兵部里权且收着。[1]

从《秘书监志·廨宇》及其他文献资料可知，中书省有两处，一处位于凤池坊北，一处位于宫城东南辟（壁）尚书省。北省内有吏部、户部、礼部、兵部、刑部、工部六部。至元七年至大德八年，大司农司，"在（北省）旧吏部内署事"。[2]秘书监，世祖至元

---

[1] 王结：《庙学典礼》卷三《廨宇》，浙江古籍出版社，1992年，第53—56页。

[2] 文廷式辑：《大元官制杂记》，民国五年（1916）印广仓学窘丛书甲类本。

九年(1272)设立，秘书监的廨宇，依次在北省旧礼部
（至元二十年到武宗至大三年前，1283—1310）、泉
府院（至大三年至皇庆元年，1310—1312）、北省旧
礼部（皇庆元年，1312）等处变动。秘书监有厅、
堂、局、曹、宇等各式各样的建筑。都水监，也当有
几种建筑，而不是一种建筑。

为什么中书省有两处？《析津志辑佚·朝堂公宇》：

至元四年（1267）二月己丑，始于燕京东北隅，
辨方位，设邦建都，以为天下本。四月甲子，筑
内皇城。位置，公定方隅，始于新都凤池坊北，
立中书省。其地高爽，古木层荫，与公府相为樾荫，
规模宏敞壮丽，奠安以新都之位，置居都堂于紫
薇垣。至元二十四年闰二月，立尚书省，……时
五云坊东为尚书省。自至元七年至至元九年，并
尚书省入中书省。至元二十七年，尚书省事入中
书省，桑柯移中书省。于今尚书省为中书省，乃
有北省、南省之分。后于直顺二年（1331）七月
十九日，中书省奏，奉旨，翰林国史院里有的文书，
依旧北省安置，翰林国史官人就那里聚会。由是，

北省既为翰林院，尚书省为中书都堂固矣。殆与太保刘秉忠所建都堂，意自远矣。[1]

北省始创公宇，宇在凤池坊北，钟楼之西。中书省，至元四年，世祖皇帝筑新城，命太保刘秉忠辨方位，得省基，在今凤池坊之北。以城制地，分纪于紫薇垣之次。……其内外城制与宫室、公府，并依圣裁，与刘秉忠按地理经纬，以王气为主。……盖地理，山有形势，水有源泉。山则为根本，水则为血脉。自古建邦立国，先取地理之形势，生王脉络，以成大业，关系非轻，此不易之论。……至顺二年（1331）七月十九日，奉旨为翰林国史院，盖为三朝御容在内，岁时以家国礼致祭。而翰林院除修纂、应奉外，至于修理一事，又付之有司。今公宇日废，……[2]

---

[1]　熊梦祥：《析津志辑佚·朝堂公宇》，北京古籍出版社，1983年，第8页。

[2]　熊梦祥：《析津志辑佚·朝堂公宇》，北京古籍出版社，1983年，第32—33页。

至元四年[1]，刘秉忠选定新都的位置，在金中都燕京东北隅，以为天下之本。新城中，中书省的基址，在凤池坊北，钟楼之西。后来，中书省搬到五云坊东的尚书省后，中书省就成为翰林国史院，其中，旧礼部为秘书监所用。[2]其地高爽，古木层荫，各公府为中书省荫庇，即中书省在各公府北。从北京市地貌上看，北京城区属于抬升切割冲洪积平原，海拔在50米左右；[3]从元大都内部河湖水系看，北省（翰林国史院）地区海拔50米左右，北面的安贞门、健德门一带海拔在43—49米，以南地区，即今二环以内，积水潭到国子监、柏林寺一带海拔在43—47米。[4]中书省这片地方，算是地势较高的。

至元七年（1270）阿合马立尚书省，九年尚书省

---

[1] 《元朝名臣事略》卷六《万户张忠武王（柔）》："中统三年致仕，封安肃公。至元三年城大都，起判行工部事。"陈高华先生《元大都》第 37 页引《道园学古录》卷二三《大都城隍庙碑记》："至元四年岁在丁卯以正月丁未之吉日始城大都"。三年应该是准备城大都。

[2] 《秘书监志》卷三《廨宇》，浙江古籍出版社，1992 年，第 54 页。

[3] 侯仁之主编：《北京历史地图集文化生态卷》，文津出版社，2013 年，第 14—15 页。

[4] 侯仁之主编：《北京历史地图集文化生态卷》，文津出版社，2013 年，第 120 页。

并入中书省。至元二十四年，元世祖又立尚书省综理财政，以桑哥、帖木儿为平章政事。不久升桑哥为尚书省右丞相，总领政务，中书六部改属尚书。中书省名存实亡。[1]

中书省何时移到尚书省？《元史》说，至元七年二月甲申置尚书省署。《析津志辑佚·朝堂公宇》说，至元二十七年，中书省移至五云坊东尚书省。于是有北省、南省之分。北省归翰林国史院使用。虞集说，至元二十八年，"中书省，仍治宫城之北舍。"[2] 文宗"至顺二年 (1331)，中书徙治宫城东南之省。"而中书省的检校署，原先在省之东偏，因其隘而弊，于旧署南重新兴建。[3]

文宗至顺二年（1331）七月十九日，中书省奏，奉旨，翰林国史院里有的文书，依旧北省安置，翰林国史官人就那里聚会。所谓"依旧北省安置"，说明翰林国史院公署，以前就在北省。至元二十七年，尚书省，事入中书省，尚书省成为中书省，是为南省；原中书省，

---

[1] 白寿彝总主编、陈得芝主编：《中国通史》第八卷《中古时代元时期（下）》，上海人民出版社，1997年，第249—251页。

[2] 虞集：《道元学古录》卷八《中书省检校官厅壁记》。

[3] 虞集：《道元学古录》卷八《中书省检校官厅壁记》。

是为北省，旧省，给翰林国史院使用。[1] 至元二十七年，尚书省才成为新中书省，又称为新省、南省。大德十一年（1307）九月甲申，武宗"诏立尚书省，分理财用。"[2] 御史台臣反对。十一月庚子，中书省奏："初置中书省时，太保刘秉忠度其地宜，裕宗为中书令，尝至省署勑。其后桑哥迁立尚书省，不四载而罢。今复迁中书于旧省，乞涓吉，徙中书令位，仍请皇太子一至中书。"[3] 涓吉，择吉日。至晚大德十一年（1307）中书省又迁回原中书省，即北省、旧省。虞集说："至顺二年(1331)，中书徙治宫城东南之省"。至顺二年（1331），中书省又迁到宫城东南尚书省。

所以，原中书省，即旧省、北省，在凤池坊北，"凤池坊，地近海子，在旧省前，取凤凰池之义以名。"[4] "钟楼，京师北省东，鼓楼北。至元中建。"[5] 其地在今旧

[1] 熊梦祥：《析津志辑佚·朝堂公宇》，北京古籍出版社，1983 年，第 8 页。

[2] 《元史》卷二二《武宗纪一》，第 488 页。

[3] 《元史》卷二二《武宗纪一》，第 489 页。

[4] 《钦定日下旧闻考》卷三八《京城总记》引《元一统志》，北京古籍出版社，1981 年，第 600 页。

[5] 《钦定日下旧闻考》卷五四《城市·钟楼》，北京古籍出版社，1981 年，第 868 页。

鼓楼外大街以西，德胜门东滨河路以北这一片区域。现在，这里是安德里、六铺炕地区，有华北电力设计院、煤炭设计研究院等单位。其地势比较高爽。

有作者说，原中书省（又称北省、旧省）"位于今钟楼以西的南北大街（即今旧鼓楼大街，明代称'药王庙街'）之西侧"。[1]此说不准确。今旧鼓楼大街西侧，元代为凤池坊。凤池坊以北，今旧鼓楼外大街西侧，才是中书省。则三相公寺、善利坊等，都应当在凤池坊北，原中书省前，即在中书省前。

中书省官署及周边，有一些其他建筑。"白云楼，在北省之西。健德门南十字街西角上，馆名既醉。"[2]萧何庙，在北省之西垣，今废。[3]怀安楼，在北省西。[4]会通桥，在旧省西。无名桥，旧省前一。[5]中书省西、前，都有桥梁。中书省门前，坝河流过。中书省西，高粱河汇入积水潭。所以，中书省西、南，都有桥梁。史

---

[1]《元大都的规划与复原》，中华书局，2016年，第193页。

[2] 熊梦祥：《析津志辑佚·古迹》，北京古籍出版社，1983年，第106页。

[3] 熊梦祥：《析津志辑佚·祠庙仪祭》，北京古籍出版社，1983年，第59页。

[4] 熊梦祥：《析津志辑佚·古籍》，北京古籍出版社，1983年，第107页。

[5] 熊梦祥：《析津志辑佚·河闸桥梁》，北京古籍出版社，1983年，第98页。

官，从城南，到原中书省中翰林国史院，要过安济桥。正如太平洋并不像其名字一样，实际上安济桥特别凶险，时人称舍命桥。宋褧，"至正之初，改陕西行台都事，月余，召拜翰林待制，迁国子司业，勅修辽金宋史，公分纂《宋高宗纪》及《选举志》，书成，超拜翰林直学士。"[1] 宋褧有词《望海潮·海子岸暮归金城坊》，说明其家住金城坊。[2] 宋褧早自石桥出发，北经安济桥，入史局。其诗曰："街树葱茏晓雨收，官河相近御沟流。帝城不是多尘土，直住诗人到白头。安济桥颇危，俗呼舍命桥者是也。"[3] 官河，即高梁河。御沟，即金水河。[4] 两河相近。"安济桥，在铁平章宅后。高梁河，由铁平章桥流入玄武池。"[5] 玄武池，即积水潭。"铁平章桥，自西而东过桥，过东散漫流入于玄武池"。[6]

---

[1] 苏天爵:《滋溪文稿》卷一三《元故翰林直学士赠国子祭酒范阳郡侯谥文清宋公墓志铭并序》，民国适园丛书本。

[2] 宋褧:《燕石集》卷一五《望海潮·海子岸暮归金城坊》，文渊阁四库全书本。

[3] 《燕石集》卷九《四月晦日早自石桥，北度安济桥，入史局马上口号》。

[4] 从蔡蕃先生之说。

[5] 熊梦祥:《析津志辑佚·河闸桥梁》，北京古籍出版社，1983年，第102页。

[6] 熊梦祥:《析津志辑佚·河闸桥梁》，北京古籍出版社，1983年，第100页。

铁平章，即铁哥，元世祖至元十七年（1280）为尚膳监，凡皇帝食物，他先试吃，甚受信任，诏赐第于大明宫之左，俾居近处，以便召唤。至元二十九年（1292）进中书平章政事，"以病足，听舆骄入殿门。"[1]可见，至元二十九年后，铁哥不住大明宫之西住所，另有宅第，即铁平章宅。铁平章宅，铁平章桥，当在高粱河沿线，去积水潭的路上，即今天的北护城河一带。宋裘住在金城坊，他"早自石桥出发，北度安济桥，入史局"。石桥，是顺承门大街上的石桥（今甘石桥）。安济桥，当在铁平章桥东，在高粱河进入积水潭附近的位置上，即护国寺北，高粱河进入积水潭的地方，越过此桥，然后才进入中书省南门，或中书省西。而光绪《顺天府志》说，"安济桥铁平章宅，当在西直、阜成二门间"，[2]不准。

至元四年建新都时，中书省南，为"各公府"，都水监等政府机构，就在中书省以南，凤池坊以北。

都水监、善利堂、双清亭，《析津志辑佚·河闸

---

[1] 《元史》卷一二五《铁哥传》，第3077页。

[2] 周家楣、缪荃孙等编纂：《顺天府志》卷一三《京师志·坊巷上》，北京古籍出版社，1987年，第377页。

桥梁》：澄清闸二，有记，在都水监东南。[1]"洪济桥，在都水监前石甃，名澄清上闸，有碑文。""望湖亭，在斜街之西，最为游赏胜处。"[2]"望海楼，在都水监北东一百五十步。燕帖木儿师为相时所盖。今废，惟存基址与佛堂耳，以其去海子密迩，故名。"[3]"平成堂，都水监首领官幕次亭"。[4]《析津志》作者熊梦祥，以都水监为坐标，来记载桥、闸、亭、堂、楼。因此，确定都水监的位置，就颇为关键。

宋本《都水监厅事记》：

（都水）监者，潭侧，北、西皆水。厅事三楹，曰善利堂，东西屋以栖吏，堂右少退，曰双清亭，则幕官所集之地。堂后为大沼，渐潭水以入，植夫渠荷芰，夏春之际天日融朗，无文书可治，罢食，启窗牖，委蛇骋望，则水光千顷，西山如空青，环潭民居、佛屋、龙祠，金碧黝垩，横直如绘画，

---

[1] 熊梦祥：《析津志辑佚·祠庙》，北京古籍出版社，1983年，第59页。

[2] 熊梦祥：《析津志辑佚·故迹》，北京古籍出版社，1983年，第105页。

[3] 熊梦祥：《析津志辑佚·故迹》，北京古籍出版社，1983年，第106页。

[4] 熊梦祥：《析津志辑佚·古迹》，北京古籍出版社，1983年，第109页。

而官垣之内，广寒、仪天、瀛洲诸殿，皆肖然得瞻仰，是又它府寺所无。[1]

都水监位置，在积水潭侧，"北、西皆水，……堂后为大沼，渐潭水以入"。善利堂"右少退，曰双清亭，则幕官所集之地"。官员公事毕，就到双清亭相聚。

"堂右少退，曰双清亭，则幕官所集之地"，是都水监官吏公事之余休息的地方。都水监善利堂、平成堂，坐北朝南，右，就是西边。双清亭，在都水监西不远处。"堂后为大沼，渐潭水以入"，是说都水监堂后有大沼。其大沼，就是积水潭。积水潭，包括今西海、后海、前海。宋本说，郭守敬导引西北诸山水后，"绕出瓮山后，汇为七里泺，东入西水门，贯积水潭，又东，至月桥，环大内之左，与金水合。南出东水门，又东至于潞阳南，会白河，又南会沽水入海。"月桥，就是海子桥。"元时以积水潭为西海子，明季相沿亦名海子，亦名积水潭，亦名净业湖。……今则并无西海子之名。其近十刹海者，即称十刹海。近净业寺者，即称净业

---

[1] 苏天爵编：《元文类》卷三一《都水监事记》，商务印书馆，1958年。

湖,迤西与李广桥诸处相近者,则称积水潭。考净业湖、积水潭地分,今隶西城。"[1]徐世昌《过西海子看新荷》:"凉亭水榭映朝霞,碧沼初开菡萏花。海子西头杨柳岸,绿烟深处是仙家。"[2]碧沼,西海子,都指积水潭。"海子桥,在海子南岸,亦名月桥,俗呼三座桥,在皇城北箭杆胡同"。[3]海子桥,又称月桥,三座桥,但,不在箭杆胡同。"海子桥,又名万宁桥,在玄武池东,名澄清闸。至元中建,在海子东。至元后复用石重修。更名万宁桥,人惟以海子桥名之。"[4]玄武池,即积水潭。

元时积水潭,金时称白莲潭。金朝在白莲潭下游,开挑海子,修筑大宁宫,海子东岸引泉溉田,岁获万斛。[5]元世祖"中统三年八月,郭守敬请开玉泉水以通漕运",得到批准。郭守敬从昌平白浮泉开始,导引

---

[1] 朱彝尊、于敏中等纂:《钦定日下旧闻考》卷五四《城市·内城北城》,北京古籍出版社,1981年,第880页。

[2] 徐世昌辑:《晚晴簃诗汇》卷一八六《过西海子看新荷》,民国退耕堂刻本。

[3] 吴长元:《宸垣志略》卷八《内城》,乾隆池北草堂刻本。

[4] 熊梦祥:《析津志·河闸桥梁》,北京古籍出版社,1983年,第102页。

[5] 蔡蕃:《北京古运河与城市供水研究》,北京出版社,1987年,第33页。

玉泉山西北几十里范围内的众多泉水,汇入瓮山泊(今昆明湖的前身),经"瓮山泊,自西水门入城,环汇于积水潭"。[1] "三十年,帝还自上都,过积水潭,见舳舻敝水,大悦,名曰通惠河。仍以旧职,兼提调通惠河漕运事。"[2] 积水潭,就是通惠河。元世祖从上都回到大都,从健德门,进入斜街,才能见到积水潭里有很多运粮船只,"舳舻敝水"。

元代从大都到上都,有西路、四海冶路、东路三条交通路线。[3] 如果走西路,健德门是进出大都的唯一城门。这里有寺、亭、堂。每年六月大都涓日,遣翰林院官一员,赴上都注香。取到香后,使者乘传回京,到健德门外礼贤亭住夏,宰辅百官恭迎至京。礼贤亭在健德门外十里,即接官亭,迎送北来官。[4] 元仁宗延祐四年(1317),诏令作林园于大都健德门外,以赐太保库春(屈出)。且曰:"令可为朕春秋行幸驻

[1] 熊梦祥:《析津志·河闸桥梁》,北京古籍出版社,1983年,第102页。

[2] 《元史》卷一六四《郭守敬传》。苏天爵:《元文类》卷一五《齐履谦〈知太史院事郭公行状〉》。

[3] 侯仁之、唐晓峰主编:《北京城市历史地理》,北京燕山出版社,2000年,第362—366页。

[4] 熊梦祥:《析津志辑佚·古迹》,北京古籍出版社,1983年,第105页。

踽地"。从受诏起，经一个月修成林园。从此，南瞻宫阙，云气郁葱。北眺居庸，峰峦崒嵂。前包平原，却依绝嶭，山回水潆，为畿甸一大胜境。中园为堂，构亭其前，列树花果，松栢榆柳之属。堂曰贤乐堂，亭曰燕喜亭。宰相脱脱，以私财，建造大寿元忠国寺于健德门外，为皇太子祝釐。至正二十四年（1364）三月，秃坚帖木儿陈兵自健德门入，觐帝于延春阁，痛哭请罪。加孛罗帖木儿太保，依前守御大同，秃坚帖木儿为中书平章政事。七月，守御大同的太保孛罗帖木儿驻兵健德门外，与秃坚帖木儿、老的沙入见元顺帝于宣文阁。当二十八年闰月，元顺帝在清宁殿，召集三宫、后妃、皇太子、皇太子妃，同议避兵北行。大臣劝留。夜半，才打开健德门出奔。[1] 所以，健德门是进出上都返回大都的唯一城门。元世祖从上都返回大都，首先进入健德门。

今北土城遗址边上的月河，其前身是元代北护城河；西土城遗址边上的小月河，其前身是元代西护城河。今天北二环路护城河，其前身是元代坝河。元代，

---

[1] 《钦定日下旧闻考》卷一七○《郊坰北一》。

积水潭与坝河二水相通，坝河是漕运河道之一。"元时运船直至积水潭。王元章诗'燕山三月风和柔，海子酒船如画楼'。想见舟楫之盛。自徐武宁改筑北平城后，运河、海子截而为二，城内积土日高，虽有舟楫、桥梁，不能渡矣。"[1] 王元章，即画家王冕。徐武宁，即明初功臣徐达。运船直至积水潭，就是因为坝河与积水潭相通。清代有人说："今德胜门外河，元时在城中，南通积水潭，以入大内"，[2] 德胜门外河，就是坝河。坝河与积水潭相通，积水潭水域面积比今天大。20 世纪考古发现，元大都积水潭，稍大于今天的太平湖、什刹海、前海、后海的范围。皇城东北角处的通惠河宽约 27.5 米。[3] 所以，至元三十年，元世祖从上都返回大都，进入健德门后，经过中书省西的会通桥，进入凤池坊前斜街（今鼓楼西大街）。

宋本说，从都水监向南，能瞻仰广寒殿、仪天殿、瀛州，以及宫中诸殿等；琼华岛上有广寒殿、仁智殿，

---

[1] 《钦定日下旧闻考》卷五三。

[2] 吴长元：《宸垣识略》卷一六《识余》，清乾隆池北草堂刻本。

[3] 刘晓：《元代都城史研究概述——以上都、大都、中都为中心》，见〔日〕中村奎尔、辛德勇编：《中日古代城市研究》，中国社会科学出版社，2004 年。

132

其南有仪天殿。琼华岛在太液池中，即今北海公园。太液池南（今南海）有瀛台。太液池东侧为皇宫，有延春阁、玉德殿、大明殿。[1]如此，都水监在海子桥以西，澄清闸以北的位置。

今积水潭北岸和南岸，元时分别为凤池坊、析津坊。"凤池坊，地近海子，在旧省前，取凤凰池之义。……析津坊，燕地分野，上应析木之津，地近海子，故取析津为名。"[2]"凤池坊，在斜街北。"[3]旧省，即至元四年，立于凤池坊北的中书省。析津坊，近海子。[4]"元初，既定占城、交趾、真腊，岁贡象，育于析津坊海子之阳。"[5]析津坊，积水潭南岸。凤池坊，与析津坊相对。凤池坊又称凤城，"凤城三月草色青，池塘飞

---

[1] 朱偰：《昔日京华》之《元大都宫殿图》，天津百花文艺出版社，2005年。侯仁之主编：《北京历史地图集·政区城市卷》之《至正年间元大都图》，文津出版社，2013年，第51页。两书对御苑的位置，标注不同。本书从后者。

[2] 《钦定日下旧闻考》卷三八《京城总纪》引《元一统志》，北京古籍出版社，1981年，第600—601页。

[3] 熊梦祥：《析津志辑佚·城池街市》，北京古籍出版社，1983年，第2页。

[4] 光绪《顺天府志·京师志十四·坊巷下·旧坊考》，北京古籍出版社，1987年，第430页。

[5] 《元史》卷七九之《舆服志二·仪杖》，第1974页。

絮桐飘零",[1] "凤城载酒日相过",[2] 都表示凤池坊风景美好,有酒肆台榭。

宋本[3]、宋褧[4]兄弟,与泰定时都水监经历张惟敏（字孟功）有交往。宋本、宋褧的多首诗词说明,双清亭在凤池坊。泰定三年（1326）前后,张惟敏[5],出

[1] 《石田文集》卷五《和王左司柳枝辞》,至元五年扬州路儒学刻本。

[2] 卢琦:《圭峰集》卷上《卢琦〈送吴元清〉》,清文津阁四库全书本。

[3] 《析津志辑佚·名宦》,第151页。宋诚甫,讳本,世为燕人,住为美坊。至正元年廷试第一,赐进士及第。

[4] 苏天爵《滋溪文稿》卷一三《宋公墓志铭并序》:宋褧（生成宗大德末,卒于顺帝至正六年,1295—1346）,字显夫,大兴人（大兴县治在今大兴胡同附近）。泰定元年（1324）进士。除秘书监校书郎,充安南使者馆伴使,改翰林国史院编修官,詹事院照磨,寻辟御史台掾,辞转太禧宗禋院照磨。元统初（1333）,迁翰林修撰,与修天历实录。天历二年参与祭祀天妃于闽海。后至元三年（1337）拜监察御史。后至元六年（1340）出金山南访司事。至正初（1341）,改陕西行台都事,月余召拜翰林待制,迁国子司业,敕修辽金宋史,分纂宋高宗纪及《选举志》。书成,超拜翰林直学士,至正六年（1346）卒,年五十二。他与张惟敏交往时间长。

[5] 张惟敏,字孟功。《燕石集》卷一五《张才子传》:"泰定三年（1326）佐汴省幕府"。此前,他为都水监经历。雍正《河南通志》卷五十九:"泰定间,以儒官补集贤院掾史,累官至河南河北等处行中书省参知政事,后追封梁郡公,谥文定。"《滋溪文稿》卷一三《礼部员外郎王君墓志铭》:元统乙亥（三年,1335）左司员外郎张惟敏。《至大金陵新志》卷六下《行御史台》:至正二年（1342）,张惟敏为南京行御史台治书侍御史。

为佐汴省幕府。此前，他为都水监经历。宋本、宋褧等常来双清亭聚会。宋褧多首诗都描述都水监、双清亭附近的景致："日日骑马到西城，……冰潭照影觉形秽，……凤池赖有知音客。"[1] 此诗应作于元统三年（1333）张惟敏为左司员外郎时。冰潭，积水潭结冰；凤池，即凤池坊。可能双清亭，位于凤池坊。宋褧《春暮双清亭小酌怀张孟功》"吏退公庭雁骛行，持杯暂对水云乡。……酒帜隔津标柳陌，渔舟避浪向蒲塘。"[2] 积水潭，又称水云乡，又称水云天，"淮浦、汴堤俱好在，吟诗仍似水云天"，[3] 津，积水潭。柳陌，为柳荫街。从双清亭放眼望去，可见对面柳陌，则双清亭，当在凤池坊斜街的中间位置。

宋褧另一首诗歌，显示都水监的双清亭，向南正对积水潭、广寒殿，向北正对齐政楼。后"至元三年（1336）六月八日，史局作休，从伯京御史，公亮太监，伯温秘卿，伯循待制，暂至城西。秘卿、待制别去，伯京归家。予遂偕公亮，回憩都水监双清亭。监掾平

---

[1] 宋褧：《燕石集》卷六《早春马上即景书怀呈张孟功左司》。

[2] 宋褧：《燕石集》卷六《春暮双清亭小酌怀张孟功诗》。

[3] 宋褧：《燕石集》卷六《送张孟功江淮觐省就赴河南幕》。

伯钦留饮，即席赋五言十八韵，……公亮，奉定间尝丞是监故耳。"宋褧家住金城坊，与友人字公亮者，都回想都水监双清亭。公亮，泰定间为都水监丞。宋褧感叹"皇都官曹盛，铨衡簿领优。公庭临紫陌，宾幕对沧洲。树影移门暗，荷香曲榭幽。亭台分错绣，车马去如流。市回尘声杳，山明雾色浮。广寒南耸殿，齐政北瞻楼。"[1] 都水监厅事善利堂、平成堂临街，双清亭对着积水潭，向南能看见广寒殿高高耸立，向北看见齐政楼。元时齐政楼，即鼓楼。"齐政楼，都城之丽谯也。……上有壶漏鼓角，俯瞰城堙。宫墙在望，宜有禁。"[2] 可见鼓楼上，能俯瞰皇宫。齐政楼是报时楼，和钟楼、鼓楼为南北一线。[3] 凤池坊北钟楼，齐政楼居都城之中，就是在中心阁南北一线上，凤池坊、西斜街临海子，有歌台酒馆，有望湖亭，商业服务业繁盛。从双清亭，向北可见齐政楼，向南望见广寒殿。双清亭，就在海子斜街一带。文庙在日中坊海子桥西北，洪武二年，因旧都水监改置。则可知，元都水监

---

[1] 宋褧：《燕石集》卷五《至元三年（1336）六月八日史局作休》。

[2] 熊梦祥：《析津志辑佚·古迹》，北京古籍出版社，1983 年，第 108 页。

[3] 吴长元：《宸垣志略》卷五《内城二》。

在海子桥（今后门桥）西北岸，临海。[1] 清人说："双清亭，在大兴县东南通惠河上，相传元都水张经历园也。"[2] 清朝大兴县治，在今大兴县胡同，今北京市公安局东城分局附近。[3] 双清亭，在大兴县东南通惠河上，也就是在积水潭上。双清亭不是都水监张经历的园池，而是都水监官工作之余集会之所。《双清亭春日独坐，时张为都水经历，双清幕府名也》："帝城何处不红尘，小海危亭独可人。笭箵舟航浮上闸，笙歌池馆接西津。恩波浴鹭连洲暖，宫树啼莺隔岸春。不用鞭笞了官事，笑谈容得幕中宾。"[4] 小海即今前海，"升平桥，在厚载门北，通海子水，入大内"。[5] "厚载门，松林之东北，柳巷御道之南。有熟地八顷，内有田。……每岁，上亲率近侍躬耕半箭许，若籍田例。次及近侍、中贵肆

---

[1] 蔡蕃:《北京古运河与城市供水研究》，北京出版社，1987年，第142页。

[2] 雍正《畿辅通志》卷五三。

[3] 侯仁之主编:《北京历史地图集·政区城市卷》，文津出版社，2013年，第79页。

[4] 《燕石集》卷六，"双清亭春日独坐，时张为都水经历。双清，幕府名"，清文渊阁四库全书补配清文津阁四库全书本。

[5] 熊梦祥:《析津志辑佚·河闸桥梁》，北京古籍出版社，1983年，第98页。

力。盖欲以供粢盛，遵古典也。东有水碾一所，日可
十五石碾之。……苑内种莳，若谷、粟、麻、豆、瓜
果、蔬菜，……种莳无不丰茂，并依《农桑辑要》之法。
海子水透迤曲折而入，洋溢分派，沿演亭注灌，通乎
苑内，真灵泉也。蓬岛耕桑，人间天上，后妃亲蚕，
实遵古典。"[1] 积水潭水，从升平桥入御苑，苑内种植
各种庄稼蔬菜，就像蓬莱岛耕桑一样。"上苑新波小
海分"，[2] 指宫城北御苑之水来自小海。危亭即双清亭。
笭箵舟，渔船。上闸，即澄清上闸，位于海子桥。西
津，即西海子。整首诗大意为，大都何处不繁华，小
海双清亭真可爱。渔舟向西行驶到澄清上闸，笙歌池
馆连绵，直到西海子。皇恩浩荡沙洲鹭鸶沐暖阳，隔
岸皇宫早莺鸣暖树。官府吏员不需鞭策就完成工作，
到都水监双清亭幕府，与张都水经历等一起从容笑谈。
这说明都水监双清亭，就在海子桥西，向南能看见皇
宫里广寒殿，向北看见鼓楼。而且皇宫御苑水正来自
前海，从海子桥向西，能到达澄清上闸，《析津志.河
闸桥梁》说，洪济桥，在都水监前，石甃，名澄清上

[1] 熊梦祥：《析津志辑佚·古迹》，北京古籍出版社，1983年，第114页。
[2] 张昱撰：《张光弼诗集》卷三《宫中词》，四部丛刊续编景明钞本。

138

闸。双清亭，就在都水监西不远处。张昱《辇下曲》："直教海子望蓬莱，青雀传言日几回。为造龙舟载天母，院家催宴在瑶台"。[1]元英宗、文宗二帝龙舟，在肃清门广源别港。[2]《析津志辑佚·古迹》：肃清门广源闸别港，有英宗、文宗二帝龙舟。从海子桥，向北可望鼓楼，向南可遥望宫城御苑、万岁山上广寒殿及附近玉虹亭、瀛州亭，及南海瀛台。

除都水监、双清亭外，积水潭区域还有一些好去处。向东，有鼓楼，鼓楼东有中心阁大街，东去即大都府治所，南为海子桥、澄清闸，西斜街过凤池坊。北为钟楼。鼓楼举都城之中。楼下三门。楼之东南转角街市，俱是针铺。西斜街临海子，率多歌台酒馆，有望湖亭。昔日皆贵官游赏之地。楼之左右，俱有果米、饼面、柴炭、器用之属。[3]飞宇楼，在钟楼街西北，太平时最为胜丽。[4]钟楼街西北海子桥东，有释伽寺。向北，有省东市场。大都城中，南城最多贵游之地，

---

[1] 顾嗣立：《元诗选》卷五一《张昱〈辇下曲〉》。

[2] 熊梦祥：《析津志辑佚·古迹》，北京古籍出版社，1983年，第114页。

[3] 熊梦祥：《析津志辑佚·古迹》，北京古籍出版社，1983年，第108页。

[4] 熊梦祥：《析津志辑佚·古迹》，北京古籍出版社，1983年，第108页。

北城惟斜街南有数处，如望湖也。望湖亭，在斜街之西，最为游赏胜处。望海楼，在都水监北东一百五十步，燕帖木儿为相时所盖。今废，唯存基址与佛堂耳。以其去海子密迩，故名。[1]

元代海子词甚多，描述积水潭、凤池坊、斜街、双清亭等的风物美好。

许有壬《江城子·饮海子舟中班彦功招饮斜街以此》："柳梢烟重滴春娇，傍天桥，翠嵯峨。谁家花外酒旗高，故相招，尽飘摇。我政悠然，云水永今朝。休道斜街风物好，才此去，便尘嚣。"——柳树如烟，海子桥上，树木青翠如滴，酒馆花外，酒旗高悬，招徕客人。我自优哉游哉，碧水蓝天，永相辉映。斜街风物好，才去此地，便是热闹的街市。

宋褧《海子岸望海潮词》："山含烟素，波明霞绮，西风太夜池头，马似游龙，车如流水，归人何暇夷犹。丛薄拥金沟，更萧萧宫树，调弄新秋。十里烟波，几双鸥鹭，两两渔舟。暮云楼阁深幽。政砧杵丁东，弦管啁啾，澹澹星河，荧荧灯火一时。"西山含烟素，潭

---

[1] 熊梦祥:《析津志辑佚·古迹》，北京古籍出版社，1983年，第104—106页。

水波涛照明霞。西风一吹，太液池源头积水潭边，游人如织，车水马龙，归人何暇犹豫。茂草簇拥着金水河，皇宫树木萧萧作响，调弄新秋。积水潭水面十里烟波，几双鸥鹭，两两渔舟，一片宁静景象。薄暮中，楼阁深幽。河边捣衣声叮咚，羌管啁啾，天上星星倒映到潭水中，水波荡漾，就像一时闪亮的灯火一样。张翥《清明日海子风入松词》有"寻春春在凤池东"等名句。这些词，都描述了海子、凤池坊、斜街周边的风物。

以上，由原中书省、凤池坊及斜街，论及都水监、双清亭，兼及积水潭区域景物。原中书省在凤池坊北，省南、省西，都有河流和桥梁，省东有市场。中书省，有径可通凤池坊。都水监，在海子桥西。双清桥，又在都水监西。善利堂、平成堂，当在都水监位置。从都水监、双清亭，北望齐政楼，南望广寒殿、御苑等。从斜街，向西北，有桥梁，可能是会通桥，可通健德门。凤池坊和斜街，之所以成为大都城北城重要繁华地方，其中一个重要因素是有都水监、双清亭。

关于会通桥都水监、双清亭、顺承门街、中书省（北省、旧省）、翰林国史院等的位置，可参见 71 页图 1。

元陕西泾渠河渠司及泾渠用水则例

　　我国西北水资源总量贫乏而又集中于夏季，冬春干旱而正值冬小麦生长旺季，诸多因素使西北农业发展面临严峻挑战。利用方志总结历史上水资源再分配的经验，对今日西北农业可持续发展是有益的。元代陕西泾渠渠系内五县之地本皆斥卤，得泾渠灌溉，遂为沃野，重要原因是国家设立专门机构河渠司管理泾渠事务，泾渠河渠司进行"分水"制定并执行了"用水则例"。对渠系内水资源的统一管理分配和使用，体现了国家在调节分配农业用水中的积极作用。

　　中国处于欧亚大陆性季风气候区，地势西北高，东南低，这使水资源的时空分布很不均衡，西北华北广大地区，水资源总量贫乏而又集中于夏季，冬春少雨干旱，正值冬小麦等农作物生长旺季；又加以地下水超采，水资源的浪费和低效率利用，这使北方农业，面临水资源短缺的严峻挑战。如何合理地利用有限的水资源，促进西北农业可持续发展，是一个不容忽视的问题。目前，已有学者指出，不能单从技术角度考虑水资源短缺，而应该与水资源管理、政策和制度创新结合起来。[1]创新离不开继承。温故知新，古代国家在水资源利用方面，有值得今人借鉴的地方。这里从这个角度，根据地方志等文献，谈谈元代泾渠水资源再分配利用问题，以期对今日西北开发有一定的借鉴意义。

一、李好文与《长安志图》

中华书局编辑出版的"宋元方志丛刊"第一辑，收录宋敏求《长安志》20卷，又据清乾隆四十九年（1784）镇洋毕氏灵岩山馆刻《经训堂丛书》，附录元人李好文编绘《长安志图》3卷。《长安志图》分上中

---

[1] 何自英：《关注水资源管理和制度创新——水资源政策论坛在京举行》，《科技日报》2000年6月16日。

下 3 卷。上卷原有 14 幅地图，今存 12 幅，无图说。中卷有 5 幅地图，外加 18 篇图说。下卷有《泾渠总图》和《富平县境石川溉田图》等 2 幅地图，并有泾渠图说、渠堰因革、洪堰制度、用水则例、设立屯田、建言利病和总论等部分。

李好文，字惟中，大名府东明（今山东东明）人。元英宗至治元年（1321）中进士，泰定帝泰定四年（1327）除太常博士，主张"礼乐自朝廷出，郡县何有哉！"用三年时间编成《太常集礼》。至正元年（1341），为朝请大夫，同修国史，国子祭酒。为中卫营儒学碑记撰写篆文碑额。[1] 至正五年（1345）为中书左司省掾题名记，[2] 参与编修辽、金、宋史。至正九年（1349），朝廷开端本堂，命皇太子入学，李好文兼谕德，编成《端本堂经训要义》。取古史，自三皇迄金、宋，历代授受，国祚久速，治乱兴废为书，曰《大宝录》。又取前代帝王是非善恶之所当法、

---

[1] 熊梦祥：《析津志辑佚·朝堂公宇·中书左司省掾题名记》，北京古籍出版社，1983 年，第 15 页。

[2] 熊梦祥：《析津志辑佚·朝堂公宇》，北京古籍出版社，1983 年，第 37 页。

当戒者为书，名曰《大宝龟鉴》。至正十六年（1356）教太子，要太子读《贞观政要》《大学衍义》等。后拜河南行省平章政事，仍以翰林学士承旨一品禄，终其身。至正元年到五年之间（1341—1345），他两度为陕西行台治书侍御史，时台臣皆缺，李好文独署台事。大约此时，他编成《长安图志》。书成，送给吴澄。吴澄读后，大加赞赏。吴澄说："长安，古都邑之冠也。周秦汉唐，前后相望。其山川、城郭、宫室之制，于法宜书。《三辅黄图》最古，宋敏求之《志》，吕大防之《图记》，皆后出。凡前人所述，悉具于此矣。"李好文"治书西台，暇日望南山，观曲江，北至汉故城，临渭水，慨然兴怀，取志所书，以考其迹，更以旧图较讹舛，而补订之，厘为七图。又以自汉及今，治所废置，名胜之迹，泾渠之利，悉附入之。总为图二十有二，视昔人益详且精矣。"[1] 吴澄的题记，概述了《长安图志》的特点和地位。

---

[1]　吴澄：《礼部集》卷一八《长安志图后题》。

二、泾渠河渠司"分水""用水则例"及其意义

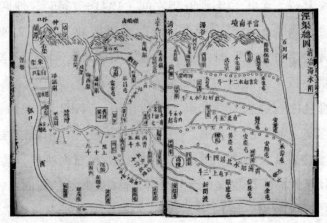

图 2 泾渠总图(选自辛德勇、郎洁点校《长安志 长安志图》)

秦汉时,国家已经修浚郑国渠、白渠,灌溉关中农田,秦国关中富强。此后,历代都继续使用泾渠。大蒙古国承前代制度,实行泾渠水资源的统一管理使用。元太宗窝阔台汗十二年(1240),以梁泰充"宣差规措三白渠使,郭时中副之,直隶朝廷,置司于云阳

县"，官署称"司"，即渠司[1]，即河渠司。云阳，地在今陕西泾阳县云阳镇。元代建立后，加强完善了对泾渠水资源的管理。至元十一年（1274），初立河渠营田使司，安置屯田。二十八年（1291），河渠营田使司改为屯田总管府，总管府正官衔内带兼河渠司事，吏员有都监、壕寨等技术人员5人，人夫有看守渠堰水军、看守探量三限口水直以及表分水直斗门子151名[2]。与此相适应，泾渠的"用水则例"前后有变化。窝阔台汗十二年（庚子年，1240）梁泰为宣差三白渠使时，就根据唐宋旧例制定出当时用水规定，元人称之为《旧例》，我们可称之为"庚子《用水则例》"。《长安志图》卷下，每每说到"旧例"云云，即指此。至元九年（1272），元世祖降旨：各路水利河渠修成后，"先从本路定立使水法度，须管均得其利，拘该开渠地面诸人不得遮当，亦不得中间沮坏，如所引河水干障漕运粮盐，及动磨使水之家，照依中书省已奏准条画定夺，

---

[1] 李好文：《长安志图》卷下《设立屯田》，清经训堂丛书本。《元史》卷六五《河渠志二·三白渠》，中华书局1976年点校本。

[2] 李好文：《长安志图》卷下《设立屯田》，清经训堂丛书本。

两不相妨"[1]。即首先制定使水法度,均平水利;其次,灌溉、漕运、运粮运盐,水磨要互相协调,这指示了制定"使水法度"的一般原则。本路正官和河渠司制定使水法度后,再由皇帝下诏允准。"至元九年至十一年（1272—1274）,二次准大司农札付劝农官韩副使耀用、宋太守等官一同讲究使水法度,王准,中书省以为定例"。这次修订的"使水法度",元人称之为"至元之法",我们可以称之为"至元《用水则例》"。因为泾渠的"使水法度"具有典型性,朝廷曾有意推广。至元十一年（1274）初立泾渠河渠营田使司,九月,大司农司和中书省曾要求陕西屯田总管府兼管河渠司官员,"依泾水例,请给申破水直",制定石川河的使水规则[2]。

下面,依据李好文《长安志图》卷下《泾渠图志》,谈谈泾渠"分水""用水则例"的主要内容。

（1）立三限闸分水。自秦、汉至唐、宋,以至元代,泾渠实行立限分水制,使泾渠流经的五县普沾灌溉之

---

[1] 《元典章》卷二三《户部九·兴举水利》,古籍出版社1957年刻本。

[2] 李好文:《长安志图》卷下《渠堰因革》,清经训堂丛书本。

利。"自泾阳县西仲山下截河筑洪堰，改泾水入白渠，下至泾阳县北白公斗，分为三限，并平石限，盖五县分水之要所。北限入三原、栎阳、云阳，中限入高陵，南限入泾阳，浇灌官民田七万余亩"[1]。三限口在泾阳县东北南北限分渠处[2]，由此有太白渠、中白渠、南白渠等分渠，各分渠又有支渠若干。为防止各县分水不公，每年分水时节，各县正官一员"亲诣限首"。如果守闸官妄起闸一寸，即使有数微余水透入别县，也是不允许的[3]，这样可以做到表面上基本平均。但是，因地理远近不同，各县所沾灌溉之利并不平均，文宗天历二年（1329），陕西屯田府总管兼管河渠司事郭嘉议称："泾阳水利，虽分三限引水溉田，缘三原等县地理遥远，不能依时周遍；泾阳北近，俱在上限，并南限、中限，用水最便。"为此，在修堰等维护工程中，"泾阳县近限水利户"就须多出人夫[4]。

（2）立斗门以均水。斗门即闸门，设于渠堰上以

---

[1] 《元史》卷六五《洪口渠》，中华书局1976年点校本。

[2] 宋敏求纂修：《长安志》卷一七，台湾商务印书馆影印文渊阁四库全书。

[3] 李好文：《长安志图》卷下《洪堰制度》，清经训堂丛书本。

[4] 《元史》卷六五《洪口渠》，中华书局1976年点校本。

引水。泾渠各分渠、支渠上共有斗门135个。"凡水出斗，各户自以小渠引入其田，委曲必达"，即公私农户都在斗门上再开小渠，引水灌田。斗门由巡监官及斗门子看管。因农户偷开斗口，故使渠岸颓毁，或者因懒惰不肯修理，巡监官和斗门子，预先催督利户修理渠口，或令石砌木围，无致损坏，透漏费水。又如遇开斗浇田，河渠司差人随逐水头，监督使水，如有违犯，即便审报[1]。

（3）修理。"凡修渠堰，自八月兴工，九月毕工。春首植榆柳以坚堤岸"。修渠堰时，"先于七月委差利户，各逐地面开淘，应于行水渠道，须管行水通畅"。这项工作和种植榆柳，都是要求使用水利之户出夫[2]。

（4）探量水深尺寸，申报河渠司。"凡水广尺深尺谓之一徼，以百二十徼为准，守者以度量水，日具尺寸，申报所司，凭以布水，各有差等"。因为"三限、平石两处，系关防分水禁限"，故在探量三限口水直人夫4名之外，"庚子《用水则例》"还规定："五县各差监户一名，与都监一同看守限口，每日探量水深尺寸，赴

[1] 李好文：《长安志图》卷下《洪堰制度》，清经训堂丛书本。

[2] 李好文：《长安志图》卷下《洪堰制度》，清经训堂丛书本。

河渠司申报。"另外，根据水的丰枯决定分水量：水盛则多给，水少则少给。

（5）申请用水状子和供水许可申帖。"至元《用水则例》"第一条规定："凡用水，先令斗吏入状，官给申帖，方许开斗。"这包括申请用水和河渠官允许供水申帖（可称之为供水许可证）两项内容。申请用水，由"上下斗门子，预先具状，开写斗下屯分利户种到苗稼"和顷亩数量，"赴（河）渠司告给水限申帖"。供水许可申帖，由河渠司根据都监、五县监户以及探量水直人夫探量的水深尺寸和徽数，计算各斗门"合得徽数、刻时"，而后发给各使水利户。上下斗门子要按证开斗放水，流毕随即闭斗，交付以上斗分，不许多浇或超时浇水，违时者斟酌处理。

（6）放水时间。"至元《用水则例》"第二条规定："自十月一日放水，至六月遇涨水歇渠，七月住罢。"一年共有八个月的灌溉期。十月浇夏田，三月浇麻白地及秋白地，四月浇麻，五月改浇秋苗。但是这种规定过于琐碎，有时不顾农户实际。如五月浇秋苗，但此时麻苗正渴，人户计其所利，麻重于苗，于是将水浇麻。水司为（麻、苗）不系一色，辄便断罚；还有，何时浇灌何种作物，都有严格规定，但"间遇天旱，可浇者不得使水，不须浇者却令使水"。这些问题，河渠司都曾考虑到，并做调整，只要不超过"各人合得水限"，不论浇灌何种作物及顷亩均可。

（7）每夫浇地顷亩。泾渠灌溉用水管理和分配的原则，从理论上讲，是以渠水所能灌田的顷亩为总数，分配到上一年度维修渠道的丁夫户田。泾渠的灌溉能力大体固定，即"（唐宋）旧日渠下可浇五县地九千余顷，……即今（至元九年至十一年，1272—1274）五县地土亦以开遍，大约不下七八千顷"。"至元《用水则例》"第三条规定："每夫一名，溉夏秋田二顷六十亩，仍验其工给水。"（原注，"今实溉一顷八十亩"，指至正时的情况）

（8）行水次序。"至元《用水则例》"第四条规定："行水之序，须自下而上，昼夜相继，不以公田越次霖潦辍功。""庚子《用水则例》"规定："各斗分须要从下依时使水，浇灌了毕，方许闭斗，随时交割以上斗分，无得违越时刻；又使水屯户与民挨次，自下而上溉出。"

（9）违规处罚。至元十一年（1274）大司农规定："若有违犯水法，多浇地亩，罚小麦一石。"至元二十年（1283）修改为："不做夫之家，每亩罚小麦一石；兴工利户，每亩五斗。"至元二十九年（1292）又修改为："违犯水法，不做夫之家，每岁减半罚小麦五斗；兴工利户，每亩二斗五升。"另加笞刑，每亩笞七下，罪止四十七下 [1]。

以上是泾渠"至元《用水则例》"的具体内容。泾渠管理制度的基本内容，明清都曾沿用，变化不大。

泾渠在当地农业发展中发挥了积极作用，至正时李好文指出泾渠之利和泾渠用水则例的重要，"泾水出安定郡岍头山西，自平凉界来经彬州新平、淳化二县，入乾州永寿县界，千有余里，皆在高地，东至仲山谷口，乃趋平原，是以于此可以疏凿，以溉五县之地。夫五县当未凿渠之前，皆斥卤硗确不可以稼，看被浸灌，遂为沃野，至今千余年，民赖其利" [2]；"五县之地本皆斥卤，与他郡绝异，必须常溉，禾稼乃茂。如失疏灌，虽甘泽数降，终亦不成。是以泾渠之例，一日不可废也" [3]。泾渠渠司的分水规则，说明了国家在调

---

[1] 李好文：《长安志图》卷下《用水则例》，清经训堂丛书本。

[2] 李好文：《长安志图》卷下《泾渠总论》，清经训堂丛书本。

[3] 李好文：《长安志图》卷下《用水则例·案语》，清经训堂丛书本。

节农民用水矛盾中的作用是不可取代的；它的执行，也表明国家有一定的行政能力。但有时泾渠分水规则不能发挥其调节用水的社会职能，是因为国家奉行了使强者更强的政策，即默许豪势之家多沾水利，实利上是歧视大多数贫弱下户的利益，剥夺了他们的灌溉之利。泾渠下有势力的用水之家往往"枉费水利"，而无夫之家，却受买水之弊[1]。

三、泾渠"分水""用水则例"的启示

从水资源再分配与可持续发展角度看，泾渠渠司的"分水""用水则例"对今日西北农业发展仍有启示作用。

第一，渠系内水资源统一管理使用。国家设立专门机构河渠司管理分配渠系水资源，后来虽改为屯田总管府，但总管府正官衔内仍带兼河渠司事，凡有公文，只称屯田总管府；凡水事，则称兼河渠司事。虽然河渠司官秩不高，但它是中央都水监的派出机构，

---

[1] 李好文：《长安志图》卷下《用水则例》注引当时文案，清经训堂丛书本。

有权统一管理分配调度渠系内的水资源。元代规定渠下五县立限分水、135斗均水，这种一体化的水资源管理体系有利于解决农业灌溉的问题。目前我国水资源短缺日趋严重，但由于条块分割，人为地将系统完整的水系分开，形成多头管水，缺乏统一调度和管理流域内水资源的功能，这种多头水政管理体制不足以应付缺水的挑战。

第二，制定专门的水资源再分配制度法令。元代国家三令五申，要求各地各渠司根据自己的实际情况制定"使水法度"，有些渠司确实制定了自己的"分水"规则和"用水则例"。这些规则均强调在各县各分支渠间进行水资源的合理再分配，先下游，后上游。在水资源短缺情况下，优先保证灌溉用水，不允许枯水季节上游地区和势家豪户截水谋求碾磨之利。现在我国水资源由于条块管理，上游往往截水，使下游无水或少水。这造成了上游灌溉、水电两利兼得，下游只遭泄洪之害而无灌溉之利的局面，这对下游是不公正的。

第三，体现权利与义务对等原则。水是有价之物，修治水利工程仍需人工、物料和时间，因此不能无偿使用水。泾渠用水则例是以渠水所能灌出的顷亩为总数，根据上年度出夫修渠人户数量来分配水，即把泾渠水量分配给上一年度维修渠道的丁夫户田，再根据每户灌溉顷亩决定交纳税粮数量。这样，使出夫之家普沾灌溉之利，沾水利之家需出夫维修渠道。目前我国水资源短缺但水价极不合理，造成本已短缺的水资源低效或无效使用，单方水的效益平均不到1公斤（世界先进水平则在2公斤以上），低效农业消耗了目前的水资源，也减少了后代利用的机会，使后代的水资源成本大大增加。

第四，水是国家资源，用水需要申请，不得随意浪费水资源。考虑到"用水之家多使驱丁看水，至冬月浇田，遇夜避寒贪睡，使水空过，至明却称不曾浇溉，迟违由时，枉费水利"的弊端，制定了要"昼夜相继"浇田等多项不得"虚费水利"的规定。我国目前农田灌溉大都用土渠输水，进入农田的水有一半渗漏蒸发，真正被农作物利用的只占灌溉总量的1/3，所以高效用水对解决今日水危机极为重要。

从水资源再分配利用与西北农业可持续发展角度看，元代泾渠"分水""用水则例"对我们有不少的启示，上面所论，只是其中的几点。但目前在讨论解决今后西北水资源短缺问题时往往注意借鉴国外经验，而忽视从中国古代方志中发掘资料、吸取教训，此种状况有待改进。

元代农学知识传播与土地利用

可持续发展，指既满足当代需求，又不损害后代满足其未来需求之能力的发展。农业的可持续发展，要求人类应维护水土资源的质量，并维持土地的产量，因为土壤是人类赖以生存的不可再生的重要的自然资源。过去，历史学者过于重视生产关系，而较少注意土地利用和文明社会持续发展之间的关系，"人类与其赖以生存的表土之间的关系，是一个重要的却又不幸被忽视了的历史研究领域"。[1] 总结历史上土地利用与社会发展的经验教训，对今天农业的发展是有益的。从土地利用和社会发展角度看，元代农业和农学知识与思想，给了我们很多的启示。元代农业生产，比前

---

[1] 〔美〕弗·卡特、汤姆·戴尔著，庄崚、鱼姗玲译:《表土与人类文明》，中国环境科学出版社，1987年。

代有较大发展，元代耕地面积扩大，粮食亩产比唐宋时提高，主要是由于当时农学家对土地利用的新认识，如"地力常新壮而收不减"的土壤肥力说，改良风土的作物生长环境论等，指导了生产实践。今天，我国农业的发展，可能有多种选择，比如育种、灌溉等，但是改良中低产田的土壤肥力、提高粮食单产，也是重要途径。北方应增加土壤蓄水力，发展旱作农业；南方可发展水上耕地；必须独立自主地解决粮食生产和供应问题，才能保证国家或地区的安全稳定。

一、元代农业发展：耕地和粮食单产

扩大耕地面积和提高粮食单产，是农业发展的基本途径。元代农业在扩大耕地面积和提高粮食单产上，与前代相比，都有较大的发展。元世祖认为国以民为本，民以衣食为本，衣食以农桑为本，因此，设司农司，劝课农桑，并对农民进行技术指导，这使当时民间垦荒面积增加了，王磐说司农司设立五六年，"功效大著，民间垦辟之业增前十倍"[1]。《元史·食货志》载河南、江西、江浙三省官民熟荒地数，与明代洪武年间各省垦田相差不多，说明元代三省垦田已达饱和状态。王祯客居江淮，目睹垦荒盛事："今汉、沔、淮、颍上，率多创开荒地，当年多种脂麻等种，有收至盈溢仓箱速富者"。[2] 屯田增加了耕地面积："内而各卫，外而行省，皆立屯田，以资军饷。或因古之制，或以地之宜，其为虑盖甚详密矣。大抵芍陂、洪泽、甘、肃、瓜、沙，因昔人之旧，其地利盖不减于旧；和林、陕西、四川等地，则因地之宜而肇为之，亦未尝遗其利焉。至于云南八番、海南、海北，虽非屯田之所，而以为蛮夷腹心之地，则又因制兵屯旅以控扼之。由是天下无不可屯之兵，无不可耕之地矣"。[3] 因古之制，指熟地抛荒后的复垦；以地之宜，指因地制宜，种植庄稼。总计天下屯田达 17 万多顷。

荒闲或边疆地区农业劳动力，人均耕地面积增加

---

[1] 徐光启：《农政全书》卷二《农本》，岳麓书社，2002 年。

[2] 王毓瑚校注：《王祯农书》卷二《农桑通诀二》，北京农业出版社，1981 年。

[3] 《元史》卷一〇〇《兵志三》，中华书局 1976 年点校本。

了。五卫各屯，人均屯田都在 50 亩以上，左冀屯田万户府人均屯田 68 亩，宗仁卫人均屯田 100 亩。大司农所辖永平屯田总管府每户屯田 350 亩，广济署每户屯田 1000 亩，宣微院所辖尚珍署每户屯田 2138 亩。边疆地区如杭海、五条河、和林、谦州、上都、云南、海南都有屯田区，并大量使用牛耕，民屯多自备耕牛，军屯耕牛由朝廷供给，枢密院所辖各卫屯田多有耕牛，如左卫屯田有牛 2000 头，武卫屯田有牛 4000 头，左冀有牛 1600 头，右冀有牛 370 头；司农司所辖营田提举司有牛 3600 头，广济署仓有牛 3200 头；南阳民屯有牛 4000 头。鲁明善说："一牛可代七人力。"[1] 牛耕使屯田区劳动力，可能增加人均耕地的亩数。屯田发展了边疆，柳贯追忆和林往昔繁荣："其地沃衍，河流左右灌输，宜植黍麦，故时屯田遗迹，及居人井臼，往往而在"。[2]

元代粮食亩产比唐宋时提高了。岭北屯田，估计成宗时有屯田 1000 顷，大德十一年（1307）夏秋哈

---

[1] 鲁明善:《农桑衣食撮要》卷上，四库全书影印本。

[2] 苏天爵编:《元文类》卷三九《题郎中苏公墓志铭后柳贯》，商务印书馆，1958 年。

刺哈孙经理岭北屯田，一岁得米 20 万斛即 10 万石，亩产为一石。[1] 大同总管府太和岭屯田"人给地五十亩，岁输租三十石"[2]，亩产 1.5 石 [3]。汾水地区"田一岁三艺而三熟"，上田"亩可以食一人" [4]，亩产达六石左右 [5]。获鹿寺田"盈五千亩，率以夏秋入止一石，为谷五千" [6]，亩产为一石。河南邓州屯田，"岁收粟为石"。

---

[1] 据《元史·兵三》，以和林屯田万户府人均耕地 50 亩计，大德时和林屯军 2000 人，应有屯田 1000 顷。哈刺哈孙大德十一年夏经理和林称海屯田"岁得米二十余万斛"（《元文类》卷二五），元一斛为五斗，二斛为一石，20 余万斛为 10 万石，与《武宗纪》"和林屯田去秋收九万石"条相同，1000 顷地得米 10 万石，亩产一石。

[2] 《元史》卷二一《成宗纪四》，中华书局 1976 年点校本。

[3] 以募民垦荒官四民六分成（《元史·兵三》）比例计，总产量 ×40%=30 石，总产量 =30 石 ÷40%=75 石，平均亩产 = 总产量 75 石 ÷50 亩 =1.5 石。

[4] 余阙：《青阳集》卷三《梯云庄记》，四库全书影印本。

[5] 元代人年均需粮在六石左右。蒙古军汉军每月五斗米，年需米六石；新附军每月四斗米，年需 4.8 石（《元典章》）卷三四《军粮》。匠户每月米三斗，年需米 3.6 石。村民"月给人五斗"（《金华先生文集》卷一），年需米 6 石。僧人"日人赋升"（《牧庵集》卷九），年需 3.6 石。河工每日支粮一升至三升不等（《元史·河渠志二》），即每人年需米 4.6 石至 10.8 石不一。上田亩产应六石左右才可养活一人。

[6] 姚燧：《牧庵集》卷九《储宫赐龙兴寺永业田记》，清乾隆武英殿刻本，1736 年。

陕西兴元路屯田，"垦田数千顷，……收皆亩钟"。[1]
六斗四升曰釜，釜十则钟，亩产一钟，即六石四升。
江南官田"万亩之田，岁入万石"，[2] 按对半分成，亩产
二石。武宗时被没收的江南赐官田1230顷，为租50
万石，[3] 地租亩输四石多，亩产不相上下；浙江龙泉义
田"为田二百亩，岁可得谷四百石"，[4] 亩产为二石；浙
西官田，"岁纳税额须石半"，[5] 按对半分成，一般年份
收成在三石左右。云南，瞻思丁时"亩产稻二石"[6]。北
方亩产一石，南方亩产二石是普遍的。元代地积与宋
时相同，每亩为今0.9市亩；而元代"以宋一石当今七
斗"[7]，即宋代一石只当元代一石的70%，元代一石为

[1] 姚燧：《牧庵集》卷一六《兴元行省瓜尔佳公神道碑》，清乾隆武英殿刻本，1736年。
[2] 苏天爵编：《元文类》卷二三《太师广平贞宪王碑阁复》，商务印书馆，1958年。
[3] 《元史》卷二三《武宗纪二》，中华书局1976年点校本。
[4] 黄溍：《金华黄先生文集》卷一《汤氏义田记》，四库全书影印本。
[5] 朱德润：《存复斋文集》卷一《官买田》，明刻本。
[6] 白寿彝主编：《回族人物志·元代》，宁夏人民出版社，1985年，第17页。
[7] 《元史》卷九三《食货志一》，中华书局1976年点校本。

1.497 宋石 [1]。实际上元代亩产还是比宋代增加了 [2],元代粮食单产比宋代向前发展了。

二、元代农学家对土地利用的新认识

元代的农学著作有三种,即大司农编修《至元农桑辑要》,王祯《农书》,鲁明善《农桑衣食撮要》等三种。《农桑辑要》作者孟祺、苗好谦、畅师文等人,是至元至延祐间,前后相继的司农司官员。初期孟琪一人撰稿,苗好谦、畅师文二人只是在再版时,做修订和补充。[3] 王祯和鲁明善,在江淮南北都做过州县官,他们熟知农事,并收集农事经验。元代农业发展的原因很多,农学家对土地利用的新认识,如"地力常新壮而收成不减"的土壤肥力说,和改良风土的作物生

[1] 吴惠:《中国历代粮食亩产研究》,农业出版社,1985 年,第 165—167 页。

[2] 吴惠说元代粮食亩产比宋代回升了 9.4%,见上书;余也非《中国历代粮食平均亩产量考略》说元代粮食产量比宋代增加 38%,见《重庆师院学报》1980 年第 3 期;本文只从元石比宋石重量多的角度来看元代粮食亩产。

[3] 马宗申:《农桑辑要译注》,上海古籍出版社,2008 年,第 89 页。

长环境论，解决了人们思想上的问题，指导了农业生产，是促成元代农业发展的认识上的根源。

对施肥和秋耕的看法。宋代已有农学家指出，过于肥沃的耕种土壤，应添加自然土壤；瘠恶的耕种土壤，应施肥滋养；多年的耕种土壤，可掺用客土或施肥，使地力常新壮。王祯分析地力衰竭的原因，他认为，以前休耕制可以恢复土壤肥力，后世连作"所有之田，岁岁种之"，造成土壤肥力衰竭，提出"地力常新壮而收成不减"的思想。他认为施粪能改善土壤肥力："耕农之事，粪壤为急。粪壤者，所以变薄田为良田，化硗土为肥土也……为农者必储粪朽以粪之，则地力常新壮而收成不减"。他用农谚"惜粪如惜金"和"粪田胜如买田"来说明"变恶为美，种少收多"的经营之道。积肥方法很多，有踏粪、积粪、苗粪、草粪、火粪、泥粪、石灰及生活垃圾等，踏粪即厩肥，积粪是用稻谷皮屑堆积而成，苗粪即种植绿豆小豆胡麻并耕翻压青，草粪是埋青草于禾苗根下使其腐烂而使土地肥美，火粪是用积土和草木发酵而成，泥粪是用河泥混合大粪而成。火粪适合江南水田，因为"江南水多地冷，故用火粪，种麦种疏尤佳"，"下田水冷，亦用石灰为粪，则土暖而苗易发"，即用施肥改善土壤养分和热力条件；但要辩证施肥："粪田之法得其中则可，若骤用生粪，及布粪过多，粪力峻热即烧杀物，反为害矣"[1]。耕垦耙耢锄治也是增加土壤肥力的重要方法，《农书·耕垦篇》和《农桑辑要·耕垦》认为秋耕能除草增加土壤温度，改善土壤热力条件："凡地除种麦外，并宜秋耕，秋耕之地，荒草自少，极省锄功……大抵秋耕宜早，春耕宜迟。秋耕宜早者，乘天气未寒时，将阳和之气掩在地中，其苗易荣；过秋天气寒冷有霜时，必待日高方可耕地，恐掩寒气在地内，令地薄不收子粒。春耕宜迟者，亦待春气和暖日高时耕。"《农书·耙耢篇》强调耙耢增加作物抗倒伏抗病抗旱的能力："耙功到则土细，而立根在细实土中，又碾过，根土相着，自然耐旱，不生诸病。"土壤细实，使作物扎根深不易倒伏，并增加土壤蓄水力。和前人相比，王祯重视以施肥、秋耕来改善土壤肥力，并把土壤肥力和土地产量联系起来。

改良风土论。风土论，是指每种作物都有其适宜

---

[1] 王毓瑚校注：《王祯农书》卷三《粪壤篇》，北京农业出版社，1981 年。

的气候条件和土壤地理条件，如土壤类型和肥力等级，这在《尚书·禹贡》和《周礼·职方氏》中，都有详尽论述。《尚书·禹贡》讲，冀州，厥土惟白壤；兖州，厥土黑坟；青州，厥土白坟；徐州，厥土赤埴坟；扬州，厥土惟涂泥；荆州，厥土惟涂泥；豫州，厥土惟壤，下土坟垆；梁州，厥土青黎；雍州，厥土惟黄壤。上述对土壤的描述，就是《尚书·禹贡》作者对土壤的形状、颜色，以及性质的认识。

《周礼·职方氏》讲，扬州、荆州，其谷宜稻；豫州，其谷宜五种（郑注：黍、稷、菽、麦、稻）；青州，其谷宜稻、麦；兖州，其谷，宜四种（郑注：黍、稷、稻、麦）；雍州，其谷宜黍、稷；幽州，其谷宜三种（郑注：黍、稷、稻）；冀州，其谷宜黍、稷；并州，其谷宜五种（郑注，同前）。这是周、汉时学者总结的九州风土物土所宜的描述，这只是大概情况。"一州之内，风土又各有所不同。但条目繁多，书不尽言耳。"每种土壤，都有一定的性质，或偏酸性，或偏碱性，或者这种矿物质含量高，或者那种矿物质含量高，因此土壤就有一定的利用方向。农作物生长，确实受一定的气候和土壤条件的限制，根据不同土壤，种植不同种类的庄稼。

风土论对指导农业生产确实发挥了作用。同时，任何时代，人们对土壤性质的认识，都有其时代和自身局限性。但风土论，否认作物在一定条件下，可以改变习性并适应新的环境。这样，风土论，就成为发展多种经济作物和农作物引种的思想障碍。

《农桑辑要》作者，为解决苎麻和木棉的栽培技术问题，提出了"新添栽种苎麻法"和"新添栽木棉法"。为解决人们的唯风土论思想问题，《论九谷风土及种莳时月》开篇，承认"谷之为品不一，风土各有所宜"，又指出作物种植，不应受风土论的限制："苟涂泥所在，厥田中下，稻即可种，不必拘以荆、扬。土壤黄白，厥田上中，黍、稷、粱、菽即可种，不必限于雍、冀。坟垆、粘埴，田杂三品，麦即可种，不必以并、青、兖、豫为定。"就是说，凡是土壤性质利于种植水稻的，就不必受《禹贡》所讲限制。凡是土壤性质利于种植黍、稷、粱、菽的，也不必受《禹贡》所讲限制。

《齐民要术》对作物种植时间早晚，有一个说法，即上中下三时，是以洛阳地区作物种植时间为标准的。最早周公是在洛阳测量日影尺寸长短的，从洛阳往南一千里，日影短一寸；往北一千里，日影长一寸。日影短，距离赤道近，故多暑热。日影长，距离赤道远，故多严寒。这是地理的地带性特征，作物种植和收获就有地带性特征。这只是一隅之原则。

地理地貌，又有垂直性特征，因此作物种植和收获，又有非地带性特征，或者垂直性特征。"又山川，高下之不一；原隰，广隘之不齐。虽南乎洛，其间山原高旷，景气凄清，与北方同寒者有焉；虽北乎洛，山隈掩抱，风日和煦，与南方同暑者有焉。东西以是为差。"同是山川，高低不同；同是平原，广狭不同。即使在洛阳以南千里，也有山原高旷，也有寒冷者。即使在洛阳以北千里，如果在山坡向阳，风和日丽，也有温暖如春的地方，这样种植和收获时间，就不能拘泥于上中下三时。

《论苎麻木棉》说，近年以来苎麻、木棉在河南、陕右种植，"滋茂繁盛，与本土无异，二方之民深荷其利"，于是朝廷"令所在种之"，但"悠悠之论，率以风土不宜为解"，有人"种艺之不谨"，或"种艺不得其法"，却归咎于风土不宜。

作者认为："中国之物，出于异方者非一。以古言之，胡桃、西瓜，是不产于流沙葱岭之外乎？以今言之，甘蔗、茗芽，是不产于详柯邛筰之外乎？然皆为中国珍用，奚独至于麻棉而疑之！"用古今作物引种成功的诸多事实，有力地批判了唯风土论是从的认识。

这种思想为王祯所继承和发挥，他认为元代疆域广大，农业生产非建立在九州之上的风土论所能限量："今国家区域之大，人民之众，际所覆载，皆为所有，非九州所以限。"他认为应用土会和土化之法进行土地规划和改良土壤，土会是指根据山林、川泽、丘陵、坟衍、原隰五类地形来规划动植物的生产，土化是指根据土壤性质和颜色来施肥，以改良土壤。他说："今之善农者，审方域田壤之异，以分其类，参土化土宜之法，以便其种，如此可不失种土之宜，而能尽稼穑之利。"王祯给风土论注入规划、利用、改良土壤的内容，这是一种改良风土论。

上述关于土地利用的新认识，对当时农业生产，有理论和实践意义。土壤肥力，是指土壤为植物生长供应和协调营养因素，如水分和养料，使植物根系获得土壤机械支持的能力。土壤的肥力因素，有水分、养分、温度、空气等。由于连作制和复种制指数的提高，保持和提高土壤肥力，是元代农业生产的重要问题；元代气候寒冷干旱，农学家感受到土壤养分温度、水分对粮食产量的影响，指出合理施肥、秋耙耢耕，能增加土壤养分、温度、蓄水抗旱及抗病能力，从而增加粮食产量，这是对土壤肥力学说的重要发展。土壤的类型、性质和肥力等级不同，因此就具有不同的利用方向。元代农学家认为，作物能改变习性，并适应新环境，对风土的这种新认识，为作物品种的推广和土壤的利用改造，解除了思想障碍。

大司农司指导了农业生产，孟祺等编写《农桑辑要》，"镂为版本进呈毕，将以颁布天下"，王祯坚信"是书之出，其利天下，岂可一二言之"[1]。后来，元仁宗命江浙行省刊版，明宗至顺三年（1333）印行万部，文宗申命颁布。后人认为"有元一代，以是书为经国要务"[2]。元成宗认为，王祯《农书》"合南北地利人事之所宜，下可以为田里之法程，上可以赞官府之劝

---

[1] 王毓瑚校注：《王祯农书》原序，北京农业出版社，1981年。

[2] 纪昀等：《四库全书总目提要·子部农家类》，上海商务印书馆，1933年。

课"[1]，大德八年（1304）命刊刻颁布，这就传播了农业经验常识。

此外，政府还积极推广区田和秋耕技术。区田能利用边际土地，又能在春秋间连种大小麦、谷子、山药、芋子、豇豆、绿豆、豌豆等。《农桑之制》规定干旱地区"听种区田，其有水田者不必区种。仍以区田之法，散诸农民"。武宗至大三年（1310）规定"除牧养之地，其余听民秋耕"，仁宗皇庆二年（1313）"复申秋耕之令"[2]，这是元代农学家对土地利用新认识在生产中的实践。

三、元代农业和农学的启示

从土地利用与社会持续发展的角度看，元代农业和农学对今天农业发展仍有启示作用。

第一，扩大耕地面积和提高粮食单产是农业发展的基本途径，元代农业在这两方面都有成功经验，今天我国农业的发展不能靠扩大耕地面积，而应走改良

[1] 梁家勉：《中国农业科学技术史稿》，农业出版社，1989年，第459页。
[2] 《元史》卷九三《食货志一》，中华书局1976年点校本。

土壤提高粮食单产之路。元代疆域北逾阴山，西极流沙，东尽辽左，南越海表，"元之天下视前代所以为盛"[1]，所以能够扩大耕地面积。现在我国后备耕地资源不足，宜农荒地 3500 万公顷，可开垦为耕地的约有 1400 万公顷，开垦后可净得耕地 840 万公顷，多分布在边远地区，开垦难度大[2]，易造成新的生态环境破坏，如，由于山民种包谷烧山毁林，南部喀斯特地区表土裸露，原始植被遭到破坏，形成类似西北沙漠荒漠的石漠区，1994 年，贵、滇两省石漠化面积达 9 万多平方公里，不但给贵、滇、桂等省区 800 万人造成饮水困难，导致贫困加重，而且贵州每年流失近 1 亿吨表土中的半数，通过河流外泄，将威胁乌江、红水河上各级水电站，乃至三峡库区安全[3]，这说明宜农荒地的开垦，应当慎重考虑。今后经济建设对耕地的需求压力仍然很大，而不断增加的人口对粮食的需求压力也很大，人多地少的矛盾，会越来越突出。目前

---

[1] 《元史》卷一〇一《兵志四》，中华书局 1976 年点校本。

[2] 曲格平等执笔：《中国自然资源保护纲要》，中国环境科学出版社，1987 年，第 18—19 页。

[3] 关杰、曲冠杰：《石漠化：威胁南方生态环境的大敌》，《光明日报》1996 年 10 月 24 日。

我国同一类型地区的粮食单产水平悬殊，高的每公顷7500—15000公斤，低的只有3000—5000公斤[1]，改善中低产田肥力以提高粮食单产是必由之路。

第二，水肥对粮食生产起重要作用。元代农学家，重视施肥改善土壤生产力，政府设都水监和河渠司兴修水利，地方官员协调农民灌溉、造水车、凿井，改善了生产环境。但我国水资源季节和地域分布不均，江北全年降水量的80%集中在6—9月，冬春缺雪少雨，北方的干旱半干旱地区，全年降水量集中在一两次暴雨中，水资源的地区分布是东南多西北少，可利用的地表水和地下水资源不足，北方应该发展节水灌溉，防止大水漫灌，减少渠道渗漏[2]，同时应借鉴元代以深耕提高土壤蓄水抗旱能力的思想方法，利用土壤水，发展旱作农业。据实测资料，一般土壤深1英尺可吸收80毫米雨水；深10英尺则可吸收800毫米雨水；深9英尺，秋季深耕后再加细耙，秋季蓄水7.2%，

---

[1]　国务院新闻办公室：《中国的粮食问题》，《光明日报》1996年10月25日。

[2]　曲格平等执笔：《中国自然资源保护纲要》，中国环境科学出版社，1987年，第48—53页。

经冬春渗透，来年可蓄水11.5%，能防止春旱，能灭虫、除草；经改良培育的黄土能将大部分夏秋降水截留在耕作土层中；山西的改良土壤加上适时伏耕和秋耕，约可保蓄水200毫升以上[1]。这说明，元代对深耕秋耕的认识符合科学实证，是可以为今天发展北方旱作农业所用的。

第三，元代江淮地区围湖造田，使生态环境恶化，当地的势豪之家在练湖、吴淞江、淀山湖中大规模筑堤围田耕种，使各湖蓄泄能力下降，泛滥成灾[2]。吴越南宋时百年一遇的水旱灾害，元时一二年或三四年就发生一次[3]，东南地区灾害发生频率增多。架田，或称葑田，是以葑泥附木架上而种植的水上活田，类似今天的木箱养植蔬菜。王祯说："只知地尽更无禾，不料葑田还可架，从人牵引或去留，任水深浅随上下，……古今谁识有活田，浮种浮耘成此稼"，"水乡无地者亦效之"。今后南方应发展这种既能扩大耕地面积又不破坏环境的水上造田法。

---

[1]　张沁文：《有机旱作农业战略》，《农业考古》1983年第2期。

[2]　《元史》卷六五《河渠志二》，中华书局1976年点校本。

[3]　任仁发：《水利集》，明钞本。

第四，虽然元代南北粮食单产都比前代有所提高，但南方农业水平超过北方，北京的粮食供应靠江浙、江西、湖广三省，文宗天历二年（1329）海运达到350万石。徐寿辉起义后，江西、湖广非复元代所有，方国珍、张士诚起义后，海运之舟不至京师者积年，元代不久就灭亡了。这说明，一个国家或地区，必须独立自主地解决粮食生产和供应，才能保证国家或地区的安全稳定。现在我国政府的粮食政策是"中国立足国内，解决粮食供需平衡问题"，这是从粮食安全和农村劳动力就业方面考虑的，更重要的是我国政府已认识到粮食生产和供应对国家安定的重要作用，"粮食是安定天下的产业。对一个拥有12亿多人口的大国来说，必须保持较高的粮食自给率，这是保持安定的必要条件，否则，就难以保证国民经济持续、快速、健康发展"[1]

总之，元代农业和农学，从土地利用和社会持续发展的角度看，给我们的启示不少，上面所论只是其中的大者，但如美国人弗·卡特说的："历史的著述者

---

[1] 国务院新闻办公室：《中国的粮食问题》，《光明日报》1996年10月25日。

一直很少注意土地利用的重要性，他们似乎一直没有
认识人间帝国与文明的命运在很大程度上受到土地利
用方式的制约。"[1] 这话说得虽然绝对，但也不是毫无
根据，希望今后这种情况，会有较大改变。

---

[1] 〔美〕弗·卡特、汤姆·戴尔著；庄崚、鱼姗玲译：《表土与人类文明》，
中国环境科学出版社，1987 年。

元代山西的农业生产和人民生活

　　金朝末年，山西遭受战争之苦，土地荒芜不治，人民贫困，无力恢复农业生产。但是，经过朝廷采取种种重农措施，农民辛勤劳动，农业生产得到恢复，人民生活也渐趋富裕。

　　国家给农民提供一定的生产条件，窝阔台汗二年（1230）七月自将南伐时，"道平阳，见田野不治，以问（李）守贤，对曰：'民贫窘，乏耕具致然'，诏给牛万头，仍徙关中生口垦地河东"。平阳，即今山西临汾、运城、吕梁石楼县及晋中灵石县辖境。关中，指陕西函谷关以西、陕西中部地区包括西安、咸阳、宝鸡、渭南、铜川一带。河东指山西西南部。生口指战俘。由于从关中获得了大量的耕牛和劳动力，山西农业生产得到恢复，并且自给有余，结果"平阳当移粟万石,输云中"[1]。有些地方官员在宽徭薄赋、劝课农桑、招徕流民方面,卓有成绩。如,自窝阔台汗七年(1235)至贵由汗二年(1248),沁州长官杜丰,"在沁十余年间,宽徭薄赋,劝课农桑,民以富足。……沁人立祠,岁时祀焉";[2]沁州,即今山西沁源。同一时期,泽州长官段直召集流民,"泽民多避兵未还者,直命籍其田庐于亲戚邻人之户,且约曰:'俟业主至,当析而归之',逃民闻之,多来还者,命归其田庐如约,民得安业。素无产者,则出粟赈之;为他郡所俘掠者,出财购之,以兵死而暴露者,收而瘗之。未几,泽为乐土"。[3]泽州,即今山西晋城。至元元年(1264)李德辉授太原路总管,"劝耕桑,立社仓,一权度,凡可以阜民者无不为之"。[4]

还有些地方官员,致力于兴修水利,调节农民用水矛盾。山西文水县,本汉太原郡大陵县。隋开皇十年,因县西有文谷水,改名为文水县。文水县城甚宽,大

---

[1] 《元史》卷一五〇《李守贤传》,中华书局1976年点校本。

[2] 《元史》卷一五一《杜丰传》,中华书局1976年点校本。

[3] 《元史》卷一九二《段直传》,中华书局1976年点校本。

[4] 《元史》卷一六三《李德辉传》,中华书局1976年点校本。

约三十里，百姓于城中种水田。[1]县西北三十里有栅城渠。唐贞观三年（629），民相率引文谷水，溉田数百顷。西十里有常渠，武德二年（619）汾州刺史萧颙引文水南流，入汾州。东北五十里有甘泉渠，二十五里有荡沙渠，二十里有灵长渠，有千亩渠，俱引文谷水。相传溉田数千顷，皆开元二年（714）县令戴谦所凿。[2]

　　利之所在，众必趋之。既有水利，就不可避免地发生争水矛盾。窝阔台汗时，谭澄年十九岁时，为交城令，"有文谷水，分溉交城田，文阳郭帅专其利而堰之，讼者累岁莫能直。澄折以理，令决水，均其利于民。"文阳，即文水。文峪河发源于交城县关帝山，90%的流域面积，属于交城，由于山峦阻隔，地域限制，文峪河出山后，水流向下游文水县。结果是，文峪河水不能灌溉交城的土地，而能灌溉文水的土地。民歌《交城山》："交城的山来交城的水，不浇交城浇文水。交城的大山里，没有那好茶饭，只有莜面烤酪酪，还有那山药蛋。灰毛驴驴上山，灰毛驴驴下，一辈子也没坐过那好车马。"民歌唱出了交城人有水不能

---

[1] 《元和郡县图志》卷一六。

[2] 《新唐书》卷三八《地理志》，中华书局1975年点校本。

浇地的尴尬、无奈和贫困生活。这种情况，实际发生得较早，元代也不例外。所以谭澄调处水利纠纷，均平用水，有益于农业生产。中统元年（1260），谭澄为怀孟路（今其地属河南省）总管，"岁旱，令民凿唐温渠，引沁水以溉田，民用不饥。教之种植，地无遗利"。因此，谭澄受到元世祖和刘秉忠的称赞，认为他是时代的优良牧守。[1] 明，祁承爜撰《牧津》44卷，其中卷十三《勤职》收入谭澄的事迹。

至元三年（1266）郑鼎迁平阳路总管，"是岁大旱，……平阳地狭人众，常乏食，鼎乃寻汾水，溉民田千余顷。开潞河鹏黄岭道，以来上党之粟"[2]《元史》鹏黄岭，谭其骧先生主编《中国历史地图集·文明卷》标为雕黄岭。郑鼎不仅带领人民引汾水灌溉民田千余顷，解决了平阳人民的衣食问题，还开潞河运输道路，从上党地区（今山西长治）向平阳调运粮食。至元四年（1267）弘州知州程氏"下车，渠桑干水灌田五十里，新州廨以示安荣，一刮夙昔苟简之弊。岁饥，封民所

---

[1] 《元史》卷一九一《谭澄传》，中华书局1976年点校本。

[2] 《元史》卷一五四《郑鼎传》，中华书局1976年点校本。

食木屑草实，上之中书，得发廪以赡"[1]。晋宁路绛州正平县"厥土赤埴坟，虽润蓄两河岛，则腴而亢下者卤而瘠，时雨稍愆，岁功不稔"，州县守令带领人民引浍入汾，"度原隰，顺水势，距州治东南三十里曰杨程乡，浍入汾所，所至横截水冲，楗石为堰者三，袤可六十步武，穿崖堑阜，激之北骛，波神委蛇来就，东带郭门而西注汾其间，长沟通洫，蔓引支分，溉田度二千余亩"[2]。绛州正平县，其地在今山西侯马市新绛县，当地守令带领人民引浍水入汾水，灌溉两千多亩地。

至元十九年（1282）王恽建议，在振武、丰州一带建立屯[3]，但当时未能引起朝廷的重视。直到十年之后，国家才"命万户府摘大同、隆兴、太原、平阳等处军人四千名，于燕只哥赤斤地面及红城周回置立屯

---

[1]　姚燧：《牧庵集》卷三四《武略将军知弘州程公神道碑》，台湾商务印书馆影印文渊阁四库全书。

[2]　王恽：《秋涧集》卷三七《绛州正平县新开溥润渠记》，台湾商务印书馆影印文渊阁四库全书。

[3]　王恽：《秋涧集》卷三五《上世祖皇帝论政事书》，台湾商务印书馆影印文渊阁四库全书。

田，开荒耕田两千顷"[1]。据研究，这两处屯田，在丰州与振武之间大黑河流域。而另据学者研究，这两处地方，分别位于大同路平地县、今察哈尔右翼前旗大土城古城一带。今察哈尔右翼中旗广益隆古城，并非前人普遍认为的振武、丰州一带大黑河流域[2]。

由于流民返乡和人口增长，不少荒地得到开垦，如大德五年（1301）泽州高平县河西庙学"垦荒地四百亩"[3]。人多地少的矛盾很突出，如至元三年时"平阳地狭人众常乏食"[4]，有些山区甚至开辟殆尽，延祐时晋宁路"辽山县治万山中，平原什一，冈陵坡坂，垦辟殆遍"[5]，这种地区，人均耕地不多。

也许正因为人均耕地不多，土地得到充分利用，土壤肥力很高，粮食产量很高。晋宁路绛州正

[1]《元史》卷一〇〇《屯田》，中华书局 1976 年点校本。

[2] 石坚军、王社教：《元代燕只哥赤斤、红城屯田千户所地望新考》，《中国历史地理论丛》2017 年第 2 期。

[3] 许有壬：《至正集》卷三七《泽州高平县河西里庙学记》，台湾商务印书馆影印文渊阁四库全书。

[4]《元史》卷一五四《郑鼎传》，中华书局 1976 年点校本。

[5] 许有壬：《圭塘小稿》卷八《辽山县儒学记》，台湾商务印书馆影印文渊阁四库全书。

图3 浚渠（选自《农书》卷一八
《农器图谱十三·灌溉门》）

平县引水"溉田度二千余亩，……获可亩一钟。"[1]当元立国"垂及百年时"，有记载说："山西八州去岁极丰，菽麦被野，亩收皆一钟。"[2]六斗四升曰釜，釜十则钟，亩产一钟即六石四斗。元代河北地区粮食亩产好收七八石，薄收不及其半[3]，特别是因为粗种导致亩收不过三五斗[4]。山西"获可亩一锺"实属高产。元末余阙说："晋土地厚而气深，田凡一岁

[1] 王恽：《秋涧集》卷三七《绛州正平县新开溥润渠记》，台湾商务印书馆影印文渊阁四库全书。

[2] 柳贯：《待制集》卷一六《送刘宣宁序》，台湾商务印书馆影印文渊阁四库全书。

[3] 胡祗遹：《紫山大全集》卷二三《匹夫岁费》，台湾商务印书馆影印文渊阁四库全书。

[4] 胡祗遹：《紫山大全集》卷一九《论农桑水利》，台湾商务印书馆影印文渊阁四库全书。

三艺而三熟，少施以粪力，恒可以不竭，引汾水而溉，岁可以无旱，其地之上者，亩可以食十人。"[1]人日食米一升，一年需六石左右粮食，"地之上者亩可以食十人"，就是说亩产达到六七十石，相当于百亩最好的收成。[2]这看起来，似乎不太可能，但是晋地"民又勤生力业，当耕之时，虚里无闲人。野树禾，墙下树桑，庭有隙地，即以树菜茹麻，无尺寸废者，故其民皆足于衣食，无甚贫乏之家，皆安于田里，无外慕之好。间有豪杰欲出而仕，由他歧皆可以得官爵，故其为俗特不尚儒。周行郡邑之间，环数百里，数百家之聚，无有一人儒衣冠者"[3]，余阙看惯了南方山区农民的艰难，对山西粮食产量和农民生活，可能有溢美羡慕之处，但考虑到"一岁三艺而三熟"和晋地民勤，晋地的高产，不是不可能的。

晋地农业产量的提高，有力地支持了国家赋税收

---

[1] 余阙:《青阳集》卷三《梯云庄记》，台湾商务印书馆影印文渊阁四库全书。

[2] 胡祗遹:《紫山大全集》卷二三《匹夫岁费》，台湾商务印书馆影印文渊阁四库全书。

[3] 余阙:《青阳集》卷三《梯云庄记》，台湾商务印书馆影印文渊阁四库全书。

入和北边诸王粮食供应，东胜州一带的忙安仓和塔塔里仓，原先用来收藏红城等地的屯田粮食，但后来还要溯河北上，向纳怜、平远两仓转输粮食，平阳等地"岁输租税于北方，民甚苦之"，后来"得输河东近仓"[1]，太原百姓"输税西京（大同）"。[2]

---

[1]《元史》卷一六三《程思廉传》，中华书局 1976 年点校本。

[2] 姚燧：《浙西廉访副使潘公神道碑》，见苏天爵编：《元文类》卷六四，商务印书馆，1958 年。

外篇　评价与反思

元明清时期的南北矛盾与国家协调

　　我国自汉代以来，统一皇朝首都的粮食供应，均依赖关东（函谷关以东）和东南漕运。汉武帝元光六年（前129）开通漕直渠，"岁漕关东谷四百万斛，以给京师"[1]，成为汉家制度。在唐代，"岁漕山东谷四百万斛，用给京师"[2]。元、明、清三朝建都北京，因北京不具有经济优势，自然要依赖东南漕运。至元时，河运最高达到每年五六百万石[3]。明清法典规定，每年"定额本色四百万石"，供应京师皇室、百官和军队。在这400万石漕粮中，北粮（山东、河南漕粮）占75万

[1]　《汉书》卷二四上《食货志上》，中华书局1962年点校本。

[2]　白居易著，顾学颉校点：《白居易集》卷六三《策林二》，中华书局，1979年。

[3]　胡祗遹：《紫山大全集》卷一九《论司农司》，台湾商务印书馆影印文渊阁四库全书。

石，南粮占 324 万石。而在南粮中，浙江、江西、湖广占 125 万石，南直隶十四府州占 199 万石，其中苏州、松江两府 93 万石[1]。元明清时期的南粮北运，是历史传统的延续，是国家的制度安排和政治决策，具有法典化的性质[2]。

但是，京城粮食依赖东南供应的国家政策及其长期执行，也引发了南北区域多种矛盾。这种矛盾，表现在水利和生态环境、赋税负担、社会思想诸方面，对中国历史影响深远。为了解决这种区域矛盾，各个时期的中央政府曾经作出了一些努力，但效果并不明显，这一矛盾始终与皇朝的兴衰相伴随。元明清时期施行的南粮北运政策，不过是汉唐历史传统的延续。这种财政制度安排，虽然与南北区域经济的不平衡性相适应，但也由此造成南北区域对立和多种矛盾。一是运河漕运对自然条件的改变，造成诸多生态环境问题和社会问题。二是与南唐、两宋相比，元明清时期

[1] 《明会典》卷二七《户部十三·会计三·漕运·漕运总数》，中华书局，1989 年。

[2] 王培华：《元明北京建都与粮食供应——略论元明人们的认识与实践》，北京出版社，2005 年，第 196、249 页。

江南（特别是苏州、松江两府）不仅赋额高出数倍，而且漕运费用十分高昂。三是导致南北社会思想对立，江南籍官员因不满京师依赖江南粮食，进而鄙视北方官员与民众的道德水平，产生了反对中央的思想。对于南粮北运所产生的南北矛盾，元明清时期，政府采取减轻南方赋额漕额、试行海运、发展北方农田水利等措施，试图缓解矛盾，但从总体上看，成效并不大，这种矛盾始终与皇朝的兴衰相伴随。

一、运河漕运引发生态环境问题

过去史家在评价漕运时，大都强调漕运能解决京师皇室、军队和官员的粮食供应问题；近六十年来的中国通史和水利史，也都充分肯定运河在沟通南北经济上的积极作用；然而自 20 世纪 80 年代以来，一些历史地理学家如邹逸麟[1]、史念海[2]等开始从地理条件

---

[1] 邹逸麟:《山东运河地理问题初探》,《历史地理》1981 年第 1 期;《从地理环境的角度考察我国运河的历史作用》,《中国史研究》1982 年第 3 期。

[2] 史念海:《中国古都形成的因素》, 见《中国古都学研究》第 4 辑, 浙江人民出版社, 1989 年。

与生态环境变化的角度论述运河漕运的弊端。笔者无意否定运河在中国经济史中的积极作用，但赞同重新认识并辩证地看待漕运的作用和后果。故在此顺着邹、史两位前辈的思路，只谈运河漕运之弊。

其一，运河的修建，改变了黄河流域各水系的原始入海水道。明代徐光启比较客观地论述了大运河改变黄河入海中道之害："河以北诸水，皆会于衡、漳、恒、卫，以出于冀；河以南诸水，皆会于汴、泗、涡、淮，以出于徐，则龙门而东、大水之入河者少也。入河之水少，而北不侵卫，南不侵淮，河得安行中道，而东出于兖，故千年而无决溢之患也。有漕运以来，惟务疏凿之便，不见其害。自隋开皇中，引谷洛水达于河，又引河通于淮海，人以为百世利矣，然而河遂南入于淮也，则隋炀（帝）之为也。自元至元中，韩仲晖始议引汶绝济，北属漳御。而永乐中潘叔正之属，因之以成会通河。人又以为万世利也。然禹河故道，横绝会通者，当在今东平之境。而迩年张秋之决，亦复近之。假令寻禹故迹，即会通废矣。是会通成，而河乃不入于卫，必入于淮，不复得有中道也，则仲晖之为也。

故曰漕能使河坏也。"[1] 本来，河北之水，多从冀州入海；河南之水多从徐州入海。进入黄河的大水少，东汉以后，北不侵卫，南不侵淮，黄河安行中道，安流八百年。隋、元开通大运河，以及明初潘叔正治河，改变了黄河流域各水系的入海通道，造成了自元代以来黄河入海不畅，使黄河进入第二个严重的河患期。从这个角度看，运河改变了自然条件，使之更加不利于黄河畅通入海。

其二，运河违背了水性就下的自然特性。运河水源不足，主要表现在通惠河段和会通河段。通州地势低于北京，地形、水势高下悬绝，违背水润下的特性。引用昌平县的三泉，但水源浅涩，多沙易淤。因此，漕粮北运后，不能全部抵京，需要储存在通州。会通河非自然长流水道，平地开河，缺乏水源。为了增加会通河水量，兖州立闸堰，约泗水西流；罡城立闸堰，分汶水入河。这些闸坝，人为地改变了汶水、泗水的自然流向。而且，济宁地势高，北高于临清90尺，南高于沽头116尺，北流偏少，南流偏多，结果，会通河北段济州河河道浅涩，只能通小舟，不能通大

---

[1]　徐光启：《徐光启全集》卷一《漕河议》，中华书局，1963年。

舟。蓝鼎元说："京师民食专资漕运，每岁转输东南漕米数百万石……但山东、北直运河水小，输挽维艰……仅恃运河二三尺之水。"[1] 元明时期，人们多称运河为"一衣带之水"，即像衣服带子一样狭长的水流。于是，利用山东中部山地众多泉源为水源，通过南旺、安山、马场、昭阳四湖汇入运河，接济漕运。王在晋说："齐鲁地多泉，故闸河自徐达卫，地七百里，赖泉以济。"[2] 明初有 100 多泉，成化年间有 600 余泉源，嘉靖时刘天和查访泉源 176 处。但是，由于受泉水管理制度松弛、山东地方农民引水灌溉农田以及黄河河道变迁、气候干旱等因素的影响，山东泉水严重不足，首任河道总督王恕奏称："京储之充积，固资乎漕运；漕运之通塞，亦由乎天时。若导泉、浚渠、筑堤、捞浅之类，皆可以人力为也。至若雨泽之愆期，泉脉之微细，则由乎天时，似非人力所能为也。"[3] 京师粮食依赖漕运。

---

[1] 蓝鼎元：《漕粮兼资海运疏》，见贺长龄辑：《清经世文编》卷四八《户政二十三漕运下》，中华书局，1992 年。

[2] 王在晋：《通漕类编·河渠》，学生书局影印明崇祯刊本，1973 年。

[3] 王琼：《漕河图志·奏议·成化八年王恕乞趁时般运通州仓粮赴京仓》，台湾商务印书馆影印文渊阁四库全书。又见王在晋：《通漕类编·漕运·刘大夏议搬运仓粮》，学生书局影印明崇祯刊本，1973 年。

漕运河道畅通与否，取决于气候条件。导泉、浚渠、筑堤、捞浅，人力可为；是否应时降雨、水源大小，人力不可为。由于造成水源短缺的气候条件不可改变，也就不可能从根本上改变运河水源短缺的状况，所以清代几次北京漕粮不足，均是因为山东运河淤塞不通。

其三，黄河、淮河与运河的冲突和矛盾，使黄河"河患"频繁，而"河患"的实质是人与水争地。《山东通志》云："运道自南而北，河流（黄河）自西而东，一纵一横，脉非同贯。"[1] 运河与黄河的纵横交贯，有违自然特性，加大了治河的难度。明代史家王圻说："隋唐以前，河自河，淮自淮，各自入海。宋中叶以后，河合于淮，以趋海矣。此古今河道迁徙不同之大略也。然前代河决，不过坏民田庐而已，我朝河决，则虑并妨漕运，而关系国计。"[2] 隋唐以前，河、淮独立入海。宋中期以后，河合于淮，以趋海。这就加大了治理难度，要考虑民田、庐舍、运河等多种因素，更要考虑每年必

---

[1]　贺长龄辑：《清经世文编》卷一〇四《工政十一》，中华书局，1992年。陆釴：《山东通志·防河保运议》，明嘉靖刻本。

[2]　王圻：《续文献通考》卷八《田赋考》，中华书局，1986年。

须运到京师400万石漕粮的国家大计。

同时，人类活动占据了黄河的蓄水区，也占据了运河周围区域，使水行洪不通畅。邵宝说："今河南山东，郡县棋布星列，官亭民舍相比而居。凡禹之所空以与水者，今皆为吾有。盖吾无容水之地，而非水据吾之地也。固宜其有冲决之患也。"[1]山东、河南郡县星罗棋布，官亭民舍比邻而居，这些郡县官亭民舍，占据了原先蓄水和行洪区域，人类活动占据了行洪通道，发生河水冲决之患，在所难免。顾炎武认为，黄河东流入海，遇到运河沿线的重要城市，"今北有临清，中有济宁，南有徐州，皆转漕要路，而大梁在西南，又宗藩所在，左顾右盼，动则掣肘，使水有知，尚不能使之必随吾意，况水为无情物也，其能委蛇曲折，以济吾之事哉？"运河沿线，也是同样的情况，临清、济宁、徐州都是运河沿线的重要城市，而开封又是明朝宗室福王所在，治运、治河，左顾右盼，都受这些因素掣肘，治河难度加大。江苏宜都人任源祥说："黄河，则运河之大利害也。淮徐间八百余里，资黄河以通，

---

[1]　邵宝：《容春堂集》前集卷九《治河论》，清文渊阁四库全书本。

可谓大利。而黄河迁徙倏忽，未有十年无变者。"[1] 以黄济运，可得水源之助，但大河奔流，运不能容，势必冲决，又对运河不利。黄河与运河漕运，黄河与大梁宗藩，都存在着矛盾和对立，这些都是导致黄、运两河河决为患的主要因素。治河目标多，以保漕运为主；由于多种因素纠结缠绕，河患难以治愈。

其四，借黄济运，改变了淮泗流域的生态环境。借黄济运，始于明永乐时金纯，成于景泰时徐有贞。借黄济运，导黄使南，对江苏、山东危害很大。万历二年（1574），刑科给事中郑岳奏："国家借黄河为运道，上自茶城，下至淮安。乃茶城有倒淤之患，徐州有淹城之危，邳州有淤塞决口之虞，稽之历年可考也。"[2] 茶城在江苏省徐州铜山北，为黄河夺泗南流处。《山东通志》云：借河济漕，但"河处高原，经疏壤，性悍易决，质浊易淤"，借泉济运，"颇资其利"，但"节宣稍失，则全河奔注。运不能容，势必冲溃东堤，挟众流以趋于海"，"旋加塞治，而沙停土壅，故道悉湮，

---

[1] 任源祥：《漕运议》，贺长龄辑：《清经世文编》卷四六《户政二十一·漕运上》，中华书局，1992年。

[2] 《神宗实录》卷二三"万历二年三月己亥"，中华书局2016年影印本。

是获利无几而滋害实多也"[1]。王夫之说，元代放弃前代沿河置仓递运法，实行长运，是"强水之不足，开漕渠以图小利"，"劳于漕挽者，胡元之乱政也。况大河之狂澜，方忧其泛滥，而更为导以迂曲淫漫，病徐、兖二州之土乎"？[2] 引黄济运，对淮泗流域生态环境的危害当不只此，以上不过是其荦荦大者而已。

其五，为了保证运河用水，运河沿线有限的水源不能用于农田灌溉。元、明、清时，《元典章》《明会典》《清会典》《大清会典事例》等国家法典中有河工禁例、闸坝禁令、漕河禁例。令，是皇帝的制诏；例，是官员办事的成例。这些都具有行政法规性质。这些法典和法规都限制运河沿线农业灌溉，规定漕运用水优先于灌溉用水。

在运河河道中，漕船先过，官船次之，商船、民船最后。在山东、河南、直隶、天津等运河及运河水源地，为了保证运河用水，严厉禁止灌溉用水。概括起来，这些法规大致如下：（1）有故决盗决南旺、昭阳、

---

[1] 贺长龄辑：《清经世文编》卷一〇四《工政十一》，中华书局，1992年。陆钎：《山东通志·防河保运议》，明嘉靖刻本。

[2] 王夫之：《读通鉴论》卷一九《隋文帝五》，中华书局1975年点校本。

蜀山、安山等湖并阻绝山东泰安等处泉源者，有干漕河禁例者，不论军民，概发边远卫所充军；（2）卫河水源要接济漕运，每年四五月不许农民灌溉；（3）丹河自三月初一至五月十五日，令三日放水济运，一日塞口灌田；（4）江南运河，分段设立志椿，以水深四尺为度，如水深四尺以外，任凭两岸农民戽水灌田，如水只深四尺，毋置车戽，妨碍漕运[1]。这些禁例，限制山东、河南、直隶、江南等地农业灌溉用水，体现了元明清国家加强管理运河的法典意识，同时也影响了北方和南方农业的发展。

对于运河用水与灌溉用水的矛盾，明清江南籍官员有着清醒的认识。上海人徐光启说，运东南之粟，自长淮以北，诸山诸泉，涓滴皆为漕用，是东南生之，西北漕之，费水二而得谷一。[2]清初太仓人陆世仪说："运河地形，本难通流潴水。设为无数坝闸，勉强关住，常虑水浅不敷，运道艰阻。故凡北方诸水泉，悉引为运河之用，民间不得治塘泊为田者，为此故也。习久

---

[1] 昆冈等修：《钦定大清会典事例·工部·河工禁例》，台湾商务印书馆影印文渊阁四库全书。

[2] 徐光启：《徐光启全集》卷一《漕河议》，中华书局，1963 年。

不讲，北人但知水害，不知水利，其为弃地也多矣。"长淮以北，诸山诸泉涓滴都为漕运所用，这就相当于用两份水生产一份粮食，对于有限的水资源，是一种莫大的浪费。使得北方人不知道引水治塘泊，长此以往，北方人只知道有水害，不知道有水利，所以北方农地多生产力不高，几乎等于弃地。

运河用水，阻碍了北方农田灌溉。清光绪五年（1879），两江总督沈葆桢说："民田之与运道，势不两立者也。兼旬不雨，民欲启涵洞以灌溉，官则必闭涵洞以养船，于是而挖堤之案起。至于河流断绝，且必夺他处泉源，引之入河，以解燃眉之急。而民田自有之水利，且输之于河，农事益不可问矣。运河势将漫溢，官不得不开减水坝以保堤，妇孺横卧坝头哀呼求缓，官不得已，于深夜开之，而堤下民田立成巨浸矣。"[1]干旱季节，农民想灌溉农田，官府想养船。不得已，农民偷挖堤坝，灌溉农田。运河水源断绝，又夺他处泉源引入运河，以解燃眉之急。如果降水太多，运河将漫溢，官府不得不开减水坝来保住堤坝，妇老幼横

---

[1] 沈葆桢：《议覆河运万难修复疏》，见葛士濬辑：《皇朝经世文续编》卷四○，光绪五年，上海图书集成局清光绪十四年铅印本。

卧减水坝头，哀呼求缓。不得已，官府只能深夜打开减水坝，放出运河之水，运河、堤坝下的民田，立刻成为一片汪洋。所以运道与民田势不两立。沈葆桢此论，描述了江南地区运河用水对农业灌溉的阻碍。"漕河禁例"的严格执行，使运河两岸和山东、河南、直隶运河水源地的农业生产受到限制，这是连封疆大吏都不得不承认的事实。

其六，运河跨越江、淮、汶、泗、河、济、漳、沽等流域或水系，南北气候水源条件各不相同，长途漕运困难重重。王夫之认为，转漕有"五劳"："闸有起闭，以争水之盈虚，一劳也；时有旱涝，以争天之燥湿，二劳也；水有淤通，以勤人之浚治，三劳也；时有冻沍，以待天之寒温，四劳也；役水次之夫，夺行旅之舟以济浅，五劳也。而又重以涉险漂沈、重赔补运之害，特其一委之水，庸人偷以为安，而见为利也。"[1] 转漕有五项劳烦之事，一是水的盈虚决定闸门的启闭，二是天气干湿决定气象干旱；三是人力浚治运河的勤懒决定运河水是否淤塞；四是气候的寒暖决

---

[1] 王夫之:《读通鉴论》卷一九《隋文帝五》，中华书局1975年点校本。

定闸水是否上冻结冰。五是运河漕运要用运河沿线农夫，人力挽舟，同时当运河水浅时，商船不能过闸。（或者也可以说，漕船先过商船后过，用商船抬高水位）在这"五劳"即五项弊端中，有四项是凭人力难以解决的气候和水源不足问题，一项是用人力维持漕河疏通的巨额费用，加上漂没赔偿以及沿途费用，漕运弊大于利暴露无遗。

长途漕运还造成诸多经济、社会及环境弊端："以一舟而历数千里之曲折，崖阔水深，而限之以少载；滩危碛浅，而强之以巨艘；于是而有修闸之劳，拨浅之扰，守冻之需迟，决堤之阻困；引洪流以蚀地，乱水性以逆天，劳劼生民，靡费国帑，强遂其径行，直致之拙算，如近世漕渠，历江、淮、汶、泗、河、济、漳、沽，旷日持久，疲民耗国，其害不可胜言。"[1] 运河漕运还有诸多弊端，数千里行舟，每船运粮多少有严格限额，而浅滩危洪又用大船。因此运河、漕运弊端有多种：修闸涝，拨浅之扰，守冻之需迟，决堤之困阻，引洪流乱水性，违反自然特性，劳民伤财，靡

---

[1] 王夫之：《读通鉴论》卷二二《唐玄宗十四》,中华书局 1975 年点校本。

费国家金钱，跨越江、淮、汶、泗、河、济、漳、沽多条水系，旷日持久。元明清时期漕运的特点是长途漕运、壅水行舟、冒险求便、径行求速，这些都违反自然条件，也加重了粮户负担，增加了国家开河等工程的费用。

总之，南北运河的开通，因为运河本身和沿线自然条件的不足造成了诸多问题，不仅改变了黄河原始入海通道，造成了运河与黄河的冲突和矛盾，还使北方有限的水源不能用于灌溉，加重了江南漕运的费用和难度，这是元明清时期江南籍官员学者批评隋朝、元代修建南北大运河并反对漕运的重要原因之一。

二、江南赋重漕重导致民贫民困

由于南粮北运，使南北赋税负担不均，北方役重，江南赋重。北方，指北方五省；江南，多指江浙的苏、松、常、杭、嘉、湖、镇等七府。元明清时期有一些典型说法，如"南困于粮，北困于役"；"东南之民，困于税粮；西北之民，困于差役"[1]；"江南之患粮为最，河北之患马为最"[2]；江南"赋重而役轻"，北方"赋轻而役重"[3]。其实，北方五省钱粮劳役负担亦重，明代"祖宗旧制，河淮以南，以四百万石供京师；河淮以北，以八百万石供边境"[4]。但是，如果仅仅从耕地面积相比较，江南苏松等七府赋重漕重是不争的事实。元明清时期，江南赋重漕重民贫主要表现在以下三个方面：

一是南方赋税额高。

（1）明代苏、松赋额比宋、元要高。宋代苏州府赋米30余万石，松江府赋米20余万石。元延祐（1314—1320）年间，苏州府赋米为80万石，松江70万石。明洪武时（1368—1398），苏州府赋米280余万石，松江府共计130余万石。明代苏松赋税比宋代增长8倍，比元增长近3倍。

[1] 何塘：《柏斋集》卷八《均徭私论》，台湾商务印书馆影印文渊阁四库全书。

[2] 何塘：《柏斋集》卷八《均徭私论》，台湾商务印书馆影印文渊阁四库全书。

[3] 顾炎武：《天下郡国利病书·常镇·里徭》，见《顾炎武全集》，上海古籍出版社，2012年。

[4] 陈子龙编：《明经世文编》卷二九八《马恭敏公奏疏·国用不足乞集众会议疏》，中华书局，1962年。

（2）明代苏、松赋比湖广、福建两省要重。弘治十五年（1502），苏州税粮 209 万石，松江府税粮 103万石；而湖广税粮 216 万石，福建税粮 85 万石。苏松一岁一熟，湖广福建一岁两熟。苏州 1 州 7 县的赋税与湖广 107 县赋税相差无几。松江 2 县的正供比福建57 县的税粮还多。

（3）弘治十五年，南直隶的应天、凤阳、扬州、淮安、庐州、徽州、宁国、池州、太平、安庆、常州、镇江12 府 12 州 78 县的夏秋税粮 165 万石，而同年实征苏、松税粮数额 300 多万石，南直隶赋额不及苏州 1 府，凤阳府 13 县赋额不及苏州 1 小县 [1]。

（4）万历六年（1578），全国垦田 7 013 976 顷，苏州府垦田 92 959 顷，苏州垦田只占全国垦田的 1.3%。弘治十五年，全国夏秋两税共计 2679 万石，浙江 251万石，苏州 209 万石，松江 103 万石，常州府 76 万石，郑若曾说："此一藩三府之地，其民租比天下为重，其粮额比天下为多。"[2] 苏州夏秋两税占全国近 8%。"其

---

[1]　郑若曾：《郑开阳杂著》卷一一《苏松浮赋议》，台湾商务印书馆影印文渊阁四库全书。

[2]　郑若曾：《江南经略·凡例》台湾商务印书馆影印文渊阁四库全书。

征科之重，民力之竭，可知也"[1]。

清道光时林则徐说："江苏四府一州之地，延袤仅五百余里，岁征地丁漕项正耗银二百数十万两、漕白正耗米一百五十余万石，又漕赠行月南屯局恤等米三十余万石，比较浙省征粮多至一倍，较江西则三倍，较湖广且十余倍不止。"[2] 同治二年（1863）五月十二日，冯桂芬代李鸿章拟稿《请减苏、松、太浮粮疏》说，苏、松、太官田赋米比元多三倍，比北宋多七倍，比他省多一二十倍，步亩比他省小，而且不符合《大清户律》载官田起科则例，"自明以来，行之五百年不改"[3]。

二是南方漕粮到京的运输费和附加费高。明初都南京，粮户"于各仓送纳，运涉江湖，动经岁月，有二三石纳一石者，有四五石纳一石者，有遇风波盗贼

[1] 郑若曾：《郑开阳杂著》卷二《财赋之重》，台湾商务印书馆影印文渊阁四库全书。

[2] 林则徐："江苏阴雨连绵田稻歉收情形片"，见《林则徐集·奏稿上》，道光十三年十一月十三日，中华书局，1962—1965年。

[3] 冯桂芬：《显志堂集》卷九《请减苏、松、太浮粮疏》（代李鸿章作），清光绪刻本。

者，以致累年拖欠不足"[1]。明永乐皇帝迁都北京后，漕运费用加大。清雍正时，蓝鼎元说：漕运"为力甚劳而为费甚巨，大抵一石至京，靡十石之费不止"[2]。嘉庆中，协办大学士刘权的奏疏说，"南漕每石费十八金"。漕粮到京后，八旗以漕米易钱，一石米只换银钱一两多，即漕粮一石到京需花费十八两白银，但是在北京，每石漕粮只换取一两银[3]。每年漕运定额400万石，而沿途及在京费用则在1000万石。大致情况是，"官军运粮，每米百石，例六十余石到京，则官又有三十余石之耗。是民间出米百石，朝廷止收六十石之用也。朝廷岁漕江南四百万石，而江南则岁出一千四百万石，四百万石未必尽归朝廷，而一千万石常供官旗及诸色蠹恶之口腹"[4]。

漕粮运输成本，包括名目繁多的杂费。

---

[1] 顾炎武：《日知录》卷一〇《苏松二府田赋之重》引杜宗桓上疏，岳麓书社，1994。

[2] 蓝鼎元：《漕粮兼资海运疏》，见贺长龄辑：《清经世文编》卷四八《户政二十三漕运下》，中华书局，1992年。

[3] 冯桂芬：《校邠庐抗议·折南漕议》，中州古籍出版社，1998年，第127页。

[4] 陆世仪：《漕兑揭》，见贺长龄辑：《清经世文编》卷四六《户政二十一·漕运上》，中华书局，1992年。

（1）脚价之费。南方人不熟悉江淮水性，雇用江淮运船过江过淮，从通州至京师、从大通桥至京仓，需要雇用车户运粮。

（2）过洪之费。徐州有徐州、吕梁两洪，需要雇用人夫牵挽。民运每过一洪用银十余两。

（3）剥浅之费。遇有运河水浅时，须等待水满，必须雇用人夫上下搬载之费用。

（4）过闸之费。运河以水闸调节水量，漕船等待过闸，过一闸用银五六钱，所过五十余闸，费用可知。

（5）挨帮之费。运河船闸需积二三百艘漕船方可开闸，漕船排队等待过闸而产生军食费。

（6）漂流之费。漕船触礁沉没，或船员故意凿船而逃，粮长需包赔损失。

（7）运军之费。运军在卫所月粮，出运有行粮。一夫岁运不过 30 石，所领月粮行粮多于 30 石。

（8）北京各衙门勒索之费。到京或遇阴雨不得晒晾，动辄守候一两个月，漕粮不能进仓。民运白粮在各衙门所费"每一处辄费银十五六两，少亦不下十两"[1]。

上述费用的产生，除了北京各衙门勒索之费外，大多数是因为自然条件不足而造成的。

三是漕运加重了南方的经济负担，使江南赋重漕重民贫。

（1）苏松富民破产衰落。自唐末以来，苏松、淮扬、蜀为江南三大都会，苏松富室"大田连阡陌，居第拟王侯"，锦衣玉食，"居然甲东南"；入元后，"富家仅藏蓄，官府更急粮"，贫者远走他乡[2]。"江南……非惟文献故家牢落殆尽，下逮民旧尝脱编户齿士籍者，稍觉衣食优裕者，并消歇而靡有孑遗。若夫继兴而突起之家，争推长于陇亩之间，彼衰而此盛，不为少矣。"[3]"三百余年，昔之盛者衰，登者耗，今其贫者力作以苟生，其穷而无告甚于前矣。"[4]明洪武初，苏州

---

[1] 陈子龙撰：《明经世文编》卷二九一《陆中丞文集·民运困极疏》，中华书局，1962年。

[2] 吴莱：《渊颖集》卷二《方景贤回吴中水涝甚戏效方子清俚言》，商务印书馆，四部丛刊本。

[3] 郑元祐：《侨吴集》卷八《鸿山杨氏族谱序》，台湾商务印书馆影印文渊阁四库全书。

[4] 余阙：《青阳集》卷四《送樊时中赴都水庸田使序》，台湾商务印书馆影印文渊阁四库全书。

府富民巨室五百五十四户，岁输粮十五万一百八十四石。[1]到嘉靖时，苏州故家大族破产者甚多，"吴中之民，有田者什一，为人佃作者十九。其亩甚窄，而凡沟渠道路皆并其税于田之中"[2]。清初，江南经济有了相当程度的恢复；自道光三年（1823）后，江苏"元气顿耗，商利减而农利从之，于是民渐自富而之贫，然犹勉强支吾者十年"；到道光十三年（1833）江苏大水后，江苏年年歉收。[3]林则徐亲历其事，曾为江苏农商写下"八哀"[4]，其感情之深沉，类似于贾谊"可为痛苦者一，可为流涕者二，可为长叹息者六"。水旱使粮食、桑蚕丝织减少，民不聊生。

（2）江南人以有田为累，田价低落。南唐南宋时"亩田昔百金，争买奋智谋"。元代江南赋重，田价低落，"田祸死不休。膏腴不论值，低洼宁望酬。卖田复有献，

---

[1] 《明太祖实录》"洪武三年二月庚午"，《明实录》，中华书局2016年影印本。

[2] 顾炎武：《日知录》卷一〇《苏松二府田赋之重》，《顾炎武全集》，上海古籍出版社，2012年。

[3] 冯桂芬：《显志堂集》卷九《请减苏、松、太浮粮疏》（代李鸿章作），清光绪刻本。

[4] 林则徐：《林则徐全集》第五册《文录·二次祷雨祝文》"道光十五年闰六月十三日"，中华书局，1962—1965年，第501页。

惟恐不见收";"有田不如无田,良田不如瘠土"[1]。清初,江南下乡膏腴田价格最贵,税粮较轻而租易得。大致乾嘉时,亩值五十两。自道光三年(1823)后,岁岁减价。道光十三年(1832),即使一亩十千钱亦无人购买;下等田一亩一千钱都难出手。[2]

(3)东南城市经济凋敝。明弘治时,嘉、湖、苏、常,外称殷富,内实虚耗。弘治十四年(1501),夏㙫奏报说,嘉、湖、苏、常,富户少,贫户多。贫者反倍于他州,富者不免为贫。江南如此,江北可知。自淮扬,至畿辅,所过州县市集,人烟萧索。临清、徐、济,号为繁盛,又皆游商,土著无几。[3] 这些地方,多位于江南财赋区和山东运河沿线,漕运造成了江南和运河沿线间经济和社会的萧条不言自明。

当然,不仅江南赋重漕重民贫,实际上北方五省钱粮劳役负担亦很重。根据明代制度,"河淮以南,

---

[1] 郑元祐:《侨吴集》卷一《送刘长洲》,台湾商务印书馆影印文渊阁四库全书。

[2] 转引自李伯重:《"道光萧条"与"癸未大水"》,《社会科学》2007年第6期。

[3] 《明孝宗实录》"弘治十四年三月癸亥",《明实录》,中华书局2016年影印本。

以四百万石供京师；河淮以北，以八百万石供边境"[1]，而且北方五省供边粮草多，劳役多，供应宗禄多，直接从事生产的人口少。南粮北运的根本原因，是南北区域经济发展的不平衡。而漕运又使南北经济更加不平衡发展。尽管明清时江南"市镇经济有过长期持续发展的历程，即便是发生了像明清改朝换代和太平天国运动这样巨大的社会变动，这种历史性的发展也没有停止"[2]，但是，仅从耕地面积比较，江南地区特别是苏松地区漕重赋重，江南漕粮运输费用重，是显而易见的。元末韩山童指斥元代"贫极江南，富跨塞北"，是对这种南北经济对立思想的朴素说法。元明清时，南北区域矛盾尖锐，而漕运则是重要的影响因素。

三、南北社会思想的矛盾对立

元明清时期，江南籍官员和学者产生了明确的南北区域思想，有了明显的江南区域意识。这种江南区

---

[1] 陈子龙编：《明经世文编》卷二九八《马恭敏公奏疏·国用不足乞集众会议疏》，中华书局，1962 年。

[2] 刘石吉：《明清时代江南市镇研究》，中国社会科学出版社，1984 年。

域思想或区域意识，主要表现在三个方面：

其一，江南籍官员和学者，非常不满意京师对江南粮食的依赖。元朝，江南籍官员和学者就提出了南方赋税重而京师民众坐食的观点。明朝，这种观点更加明确和普遍。明嘉靖十九年（1540），归有光说："东南之民，始出力以给天下之用"，"以天下之大而专仰给于东南"[1]。隆庆、万历初（隆庆元年至六年即1567—1572，万历元年即1573）郑若曾说："西北之供役仰给东南"，"我国家财赋取给东南者十倍于他处，故天下惟东南民力最竭"[2]。顾炎武提出的苏松二府田赋之重的观点影响非常广，论证了江南赋重漕重而北方坐食的问题。王夫之更是痛恨北方人坐食而不努力生产。其实，漕粮到京后，主要是供应京师皇室百官和军队，遇饥荒时，民众才能稍分余润。这一点，江南籍官员不可能不明白。他们这样说，只是表现了他们反对京师依赖东南漕运的思想。

---

[1]　归有光：《震川先生别集》卷二上《嘉靖庚子科南京乡试对策》，清末石印本。

[2]　郑若曾：《郑开阳杂著》卷二《财赋之重》，台湾商务印书馆影印文渊阁四库全书。

其二，江南籍官员和学者看不起北方农民和官员。徐光启说，东南农民"胼胝作之，又跋涉以输之，则莘毂之下，坐而食之。……譬若父有二子，一勤一懒，使勤者养其父，又给其懒者，父又时出其藏以济之，而懒者益懒，此三相尽耳。故曰，漕能使国贫也"[1]。北方人被喻为懒惰的儿子，坐吃山空，要靠父母养活；南方人被喻为养命的儿子，不仅要养父母，还要养兄弟。

王夫之的说法，比徐光启更直接而形象，"东南之民，习尚柔和，而人能勤于耕织，勤俭足以自给而给公，故……竭力以供西北而不敢告劳"；国家"竭三吴以奉西北，而西北坐食之；三吴之人不给饘粥之食，抑之待哺于上游，而上游无三年之积"；"西北蒙坐食之休，而民抑不为之加富"；民众"坐食而骄，骄而佚"，日食三餐，但水利不修，桑蚕不事，饥寒交迫，则人相食。强者弯弓驰马，杀夺行旅，轻视东南，嫉妒东南劳人采橘剥蟹。骄之使横，佚之使惰。朝廷满足其贪欲，则笑傲而忘出身；粮食不足，则愤怒而逞狂兴。

---

[1] 徐光启：《徐光启全集》卷一《漕河议》，中华书局，1963年。

士大夫气涌胆张，恫喝欺凌南方衣冠雅士。国家无事，则依附宦官外戚，无廉耻；天下有虞，则降盗贼、侍夷狄，不知君父。北方农非农，士非士[1]。东南人性格温和、勤于耕织，供应国家所需；但三吴人民其实也省吃俭用，当地粮食生产不足，或水旱灾荒有时不得不依赖上游接济。而北方人民坐食，不事生产，不兴修水利，发展农桑。遇有灾荒，则人民相食，强者起而抢劫、反叛，甚至嫉妒东南勤劳人民采橘剥蟹。有些士大夫甚至在朝廷上恫吓欺凌南方衣冠雅士。平时依附宦官外戚而毫无廉耻，有事则投降反叛者或周边民族政权，而不知有君父，使北方农民不像农民，士人不像士人。实际上，这只刻画了部分官员贵族的情况，而不是整个北方的情况。北方农民和官员的道德水准，是否如此之低，值得怀疑，但也不能完全否定，明末清初，投降民族政权的官员，有北方人，也有在北方为官的南方人，情况比较复杂，如范文程、耿仲明、孔有德、尚可喜、祖大寿、吴三桂等都是北方人，只有洪承畴、毛文龙是南方人。但王夫之看不起北方民

---

[1] 王夫之：《读通鉴论》卷二三《唐肃宗三》，中华书局1975年点校本。

众的生产生活态度和北方官员的道德水准的态度，则非常明确。

其三，明清之际的江南籍官员和学者产生了反对中央的思想。这种思想表现在如下几点：一是反对自唐代以来赋税层累增加的制度[1]。王夫之认为，两税法为法外之征，宋朝役法为庸外加役，明代"一条鞭法"是两税外的加派，三饷为"一条鞭"外之加征[2]。这样，王夫之揭示了自唐至明赋税层累增加的制度的实质。黄宗羲论赋税制度，认为赋税有积累之害，即田税之外复有户税，户税之外有丁税，两税法并庸调入于租实为重出之赋。"一条鞭法"并银力二差入两税，实为重出之差；合三饷为一，是新饷、练饷又并入两税。所以，明末两税比汉唐不止增加十倍。历代统治者以"其时之用而制天下之赋"，赋额日增："吾见天下之赋日增，而后之为民者日困于前。……今天下之财赋出于江南，江南之赋至钱氏而重，至张士诚而又重，有明亦未尝改。故一亩之赋自三斗起科至于七斗，七斗

---

[1] 王培华：《元明北京建都与粮食供应——略论元明人们的认识与实践》，北京出版社，2005年，第167页。

[2] 王夫之：《读通鉴论》卷二四《唐德宗四》，中华书局1975年点校本。

之外，尚有官耗私增。……乃其所以至此者，因循乱世苟且之术也。"[1]

二是反对国家靡费大量财力物力修运河、黄河。徐光启说，国家有治河、造舟诸经费，故"漕能使国贫"[2]。黄宗羲说，"有明都燕不过二百年……江南之民命，竭于输挽，大府之金钱，靡于河道"[3]。

三是反对建都北京。明后期，人们比较赞成建都南京。王士性借堪舆家之说，阐述古今帝王建都的三个范围即中部、北部和南部与帝王事业盛衰的关系，认为"今日东南之独盛也。然东南他日盛而久，其势未有不转而云贵百粤"[4]。他实际上是赞成建都南京，预言中国未来发展的重点区域是西南地区。黄宗羲也认为建都南京为上策："有王者起，将复何都？曰金陵。……东南粟帛，灌输天下。天下之有吴会，犹富室之有仓库匮箧也。今夫千金之子，其仓库匮箧，必身亲守之，而门庭则委之仆妾。舍金陵而弗都，是委

---

[1] 黄宗羲：《明夷待访录·田制三·建都》，上海群学社，1926年。

[2] 徐光启：《徐光启全集》卷一《漕河议》，中华书局，1963年。

[3] 黄宗羲：《明夷待访录·田制三·建都》，上海群学社，1926年。

[4] 王士性：《五岳游章·地脉》，见顾炎武：《天下郡国利病书》第一册，上海古籍出版社，2012年。

仆妾以仓库匮箧。昔日之都燕，则身守门庭矣。曾谓治天下而智不及千金之子若与。"[1] 黄宗羲与王士性的观点大致相同。

上述元明清江南籍官员和学者的思想意识，代表了当时江南地区多数纳粮纳税者的思想，可以说是当时江南社会意识的主流。对于这种思想，应当区别看待。他们提出的西北和东南对立的问题，他们论证自唐以来赋税层累增加的制度，都反映了历史的实际。但他们对北方官员和农民道德水准的轻视，是一种情绪化的思想，特别是对自宋以后北方士大夫阶层对东北民族入主中原持合作态度的不满，更反映了南北对立的社会思想意识。但是他们毕竟看到了南粮北运后所造成的生态、经济等问题，看到了南粮北运后所产生的新的区域经济和社会发展不平衡的实际，为解决这些问题，贡献了思想认识。漕运是南北区域对立的社会思想产生的重要经济因素，而元代在政治上"内北国而外中国，内北人而外南人"[2]，清朝在用人上满汉有别，亦是元、清产生南北区域对立的社会思想的

---

[1] 黄宗羲：《明夷待访录·田制三·建都》，上海群学社，1926 年。

[2] 叶子奇：《草木子》卷三《克谨篇》，中华书局，1959 年。

重要政治因素。叶子奇说，元代"天下治平之时，台省要官皆北人为之，汉人、南人万中无一二，其得为者不过州县卑秩,盖亦仅有而绝无者也"[1]。此种情况，明代有所改变，但思想传统的惯性，则不易改变。

四、国家协调南北矛盾的措施

粮食问题，不仅是一个经济问题，而且是一个政治问题。南粮北运，本来是国家统筹南北区域经济不平衡发展的财政制度安排和政治安排，但是这种制度安排本身，就存在着一系列违背自然条件和水源不足的问题。它不仅加剧了运河、黄河以及山东西南地区的生态环境变化，加重了江南地区赋税漕运负担，而且使南方人产生了南北对立的思想意识。针对江南赋重、漕重、民困以及运道梗塞、漕运困难等问题，元明清的统治者先后采取了一些协调措施，试图缓解矛盾。

首先，从财政政策上适当减轻江南赋额和漕

[1] 叶子奇:《草木子》卷三《克谨篇》，中华书局，1959年。

额。明代江南赋重，主要是官田租重。明朝洪熙元年（1425），命江南没官田和公侯还官田租，照官田起科，亩税六斗。宣德五年（1430）二月癸巳诏：各处旧额官田，旧额纳粮一斗至四斗者，各减十分之二；自四斗一升至一石以上者，各减十分之三。永为定例。并且说，减租之令务在必行[1]。

清朝林则徐、曾国藩、李鸿章等都力请减缓南漕。道光时，林则徐多次请求缓征南漕。对林则徐减缓南漕之举，吴人深为感激。吴大澂说："道光朝，……吾吴漕粮帮费之重困已久，势不得改弦而更张。（林）文忠疏请缓漕一分二分，或三四分，与民休息，岁以为常。"[2] 同治二年（1863）五月十二日，李鸿章奏请朝廷减少苏、松、太赋税，"每年起运交仓漕白、正、耗米一百万石以下，九十万石以上，著为定额，南米丁漕，照例减征。即以此开征之年为始，永远遵行，不准更

---

[1] 顾炎武：《日知录》卷一〇《苏松二府田赋之重》，见《顾炎武全集》，上海古籍出版社，2012年。

[2] 冯桂芬：《显志堂集》、《林文忠公祠记》、《请减苏、松、太浮粮疏》（代李鸿章作）、《江苏减赋记》、《吴大澂光绪三年春正月〈序〉》、《俞樾光绪二年〈序〉》，清光绪二年刻本。

有垫完民歉名目。"[1] 五月二十四日,得到允许[2]。吴大澂说:"减漕之举,(林)文忠导之于前,公(冯桂芬)与曾、李二公成之于后"[3]。同治二年,苏、松、太减赋事件对苏、松影响甚巨。光绪二年(1876年),俞樾说:"一减三吴之浮赋,四百年来积重难返之弊,一朝而除,为东南无疆之福。"[4] 这些减赋缓漕措施,缓解了京师对东南的粮食压力。

其次,试行海运,减少漕粮运输中的费用。明清时期,恢复海运成为南方人的梦想。这有两种情况,一种是主张恢复海运南粮,另一种是主张招商海运。明成化时,丘浚主张海运,因为海运费用省,"河漕

---

[1] 冯桂芬:《显志堂集》、《林文忠公祠记》、《请减苏、松、太浮粮疏》(代李鸿章作)、《江苏减赋记》、《吴大澂光绪三年春正月〈序〉》、《俞樾光绪二年〈序〉》,清光绪二年刻本。

[2] 冯桂芬:《显志堂集》、《林文忠公祠记》、《请减苏、松、太浮粮疏》(代李鸿章作)、《江苏减赋记》、《吴大澂光绪三年春正月〈序〉》、《俞樾光绪二年〈序〉》,清光绪二年刻本。

[3] 冯桂芬:《显志堂集》、《林文忠公祠记》、《请减苏、松、太浮粮疏》(代李鸿章作)、《江苏减赋记》、《吴大澂光绪三年春正月〈序〉》、《俞樾光绪二年〈序〉》,清光绪二年刻本。

[4] 冯桂芬:《显志堂集》、《林文忠公祠记》、《请减苏、松、太浮粮疏》(代李鸿章作)、《江苏减赋记》、《吴大澂光绪三年春正月〈序〉》、《俞樾光绪二年〈序〉》,清光绪二年刻本。

视陆运之费省十三四，海运视陆运之费省十七八"[1]。另外，海运可以作为河运的补充，防止运道阻塞，保证京师粮食安全。明嘉靖、隆庆、万历间，有许多人提倡海运。王宗沐论证海运有十二利，大致可以革除漕运种种弊端，节省江南民力，有效地保证京师粮食供应[2]。隆庆六年（1572），他向穆宗上奏说，唐人都秦，右据岷凉而左通陕渭，有险可依而无水通利。宋人都梁，背负大河而面接淮汴，有水便利而无险可依。明朝，国家都燕，既有险可依又有东南大海便利。都燕"面受河与海"，"主于河而协以海，犹凭左臂从胁取物也"。避开黄河冲决之患，就像中堂闭塞，则可自旁门而入[3]。在内阁辅臣高拱、李春芳的支持下，试行海运成功。

万历时，又出现了招募商船实行海运的建议。万历三十五年（1607），徐光启著《漕河议》："夫海运之

---

[1] 陈子龙编：《明经世文编》卷七一《丘文庄公集一·漕运之数》，中华书局，1962年。

[2] 陈子龙编：《明经世文编》卷三四五《王敬所集·海运详考》，中华书局，1962年。

[3] 《穆宗实录》"隆庆六年三月丙午"，又见《明经世文编》卷三四五《王敬所集·乞广饷道以备不虞疏》，中华书局，1962年。

策，元以来尝受其成利矣。有伯颜之道，有朱张之道，有殷明略之道，逾远逾便亦逾省，增修易善"，元人已经成功地探索了三条海道，海运不存在任何技术难题；国家招商海运，既可用海运之利，又可去海运之险。但由于这种认识超乎明代多数人的认识范围，故不能被接受。

清道光五年（1825），曾试行海运，160万石漕米安然抵津，节省银10多万两、米10多万石，"是役也，国便、民便、商便、河便、漕便，于古未有"。道光二十八年（1848），又试行海运。但是海运只是临时性的补救措施，而河运才是明清国家常法。

最后，发展北方农田水利。元明清时期，有五六十位江南籍官员和学者主张发展西北水利（含畿辅水利），使京师就近解决粮食供应问题，缓解对东南的粮食压力。元至正十二年（1352），海运不通，宰相脱脱建议开发京畿农田水利；十三年，正式开展京畿屯田，当年得谷20余万石。明万历十三年（1585），徐贞明在京东调查水源；次年二月，垦田39 000余亩。徐光启曾在天津试行水田。明季，汪应蛟、董应举、左光斗等开垦京东水田。

清代，蓝鼎元、朱轼、柴潮生、李昭光、潘锡恩、唐鉴、林则徐、包世臣、冯桂芬等都提倡发展北方水利，并著书立说。雍正四年（1726），允祥、朱轼等主持畿辅水利；光绪七年（1881），左宗棠率部在永定河上游修建引水工程；同治末光绪初，李鸿章、周盛传在天津海滨实施水利工程。元明清时期，持续近六百年的发展西北水利的思潮，实质是江南人对东南和西北两大区域经济不平衡发展与赋税负担不均问题给出的解决方案。

但是，由于北方占有大量荒地的官豪势家及其代表强烈反对发展畿辅水利（惧怕照南方起税）、畿辅五大河及其支流多沙善淤善决善徙、畿辅降水条件与水稻生长季节不符、清后期北方气候日渐干旱地表水资源缺乏、多数北方农民不习惯水田劳作等多种自然因素和社会因素，畿辅水利只在局部地区有所实现，北方大部分地区仍是旱作农业。

江南地区，特别是东吴，河湖众多，雨量丰沛，日照充足，素以"鱼米之乡"著称，自唐末五代以来，战乱较少，社会稳定，经济文化发达；尤其是南北运河的开通，使得漕运东南粮食至关中和北京，比就近发展水利获得粮食更为方便。因此，自然条件和江南处于运河南段的区位地理因素，使漕运南粮顺理成章。明清历代皇帝，无论漕运多么困难、海运多么有优势，都强调每年河运四百万石南粮是祖宗旧制、前人成法，不容更改，历史传统的惯性起了很大作用。元明清时期，国家采取的统筹协调缓解区域矛盾的措施，都是权宜之计，不能从根本上解决问题。

然而问题在于，南粮北运两千年，为什么元明清时期的南粮北运才引起江南籍人士那么强烈的反对？其中原因比较复杂，但有两点较为显明。

其一，隋唐时期沿河置仓递运，"使江南之舟不入黄河，黄河之舟不入洛口，而沿河置仓，节级转运，水通则舟行，水浅则寓于仓"[1]，相对来说，递运运输较便，费用较省。而元明清时期则是长途漕运，弊端甚多，费用巨大，势必引起江南籍人士的强烈不满。

其二，元明清时期江南经济文化发达，南方人中进士者多于北方人，仕宦者也多于北方人，他们往来南北，看到南方人稻作辛苦，北方地利不修，形成较

---

[1] 马端临:《文献通考》卷二五《国用考三·漕运》，中华书局，1986年。

大反差；又与南唐、南宋相比较，发现江南特别是苏松地区赋重漕重民贫，于是不满于国家依赖东南漕运，产生了强烈的区域思想意识、南北对立意识。

但必须指出的是，元明清时期江南籍官员所指斥的西北依赖东南，只是京师皇室、百官、军队粮食依赖东南，与京师平民及西北地区民众无关；江南赋重漕重下的民贫，其原因不止江南赋重漕重一端，江南较高的消费水平亦是重要原因；江南民贫是相对的，北方农民的生活水平，不能与江南同日而语。

当然，江南籍官员指出运河漕运存在种种违背自然条件的问题，如改变黄河流域各水系的原始入海通道，为保漕运限制北方农民用水灌田，长途漕运增加运输成本，治理运河黄河费用增加，影响山东江苏运河沿线生态环境等，也是无法回避的。客观地看，经济上的南北不平衡发展，元明清中央政府试图用运河沟通来解决，但由此引发的南北矛盾和对立，元明清时期并未很好地解决，也不可能解决。南粮北运引发的南北矛盾的根本原因，是南北经济不平衡发展——南方资源环境条件比较好，发展潜力比较大；北方开发密度相对较大，资源环境承载力不断减弱。从气候与生态环境变化角度上说，南粮北运的大趋势，具有历史继承性和不可逆转性。[1] 所以，如何统筹人口与资源环境关系，统筹区域间的平衡发展，协调区域矛盾和对立，既是一个历史性的课题，也是一个政治性问题。

---

[1] 蓝勇：《从天地生综合角度看中华文明东移南迁的原因》，《学术研究》1995 年第 6 期。

明清华北西北旱地用水理论与实践及其借鉴价值

　　我国西北和华北地处干旱半干旱地带，水资源在时间和空间上分布极不均衡。西部开发中，农业仍是主导产业。西部开发的关键是解决水资源短缺的问题，对此学术界已提出了许多好的建议。这里，还有一个重要方面，即古代学者的旱地用水蓄水理论与实践及其现代借鉴价值，需要引起人们的重视。明清时期，由于西北和华北气候干旱日趋严重，晚明农学家徐光启、清雍正时关中理学经世学者王心敬等，对水的自然循环状态和水旱周期的认识更加深入。他们提出了西北旱地用水蓄水的理论方法（其时所谓西北，包括今西北和华北），经过各级政府官员的劝导，指导了农业实践，取得了良好效果。他们解决旱地用水蓄水问题的广阔思路、具体方法，以及节水意识，对解决今日西部开发中最关键的水资源短缺问题，仍有借鉴价值。

一、徐光启旱田用水五法

明代万历四十年（1612），徐光启从外国传教士那里，学习到蓄积雨雪之水以抗旱的技术方法。《泰西水法》是意大利传教士熊三拨在北京口述、徐光启笔记的一部水利工程专著，专论抽水机械和水井、水库等工程技术要求。徐光启认为这是有益于抗旱的"实学"。故极力推广。该书所述求泉源之法有四（即气试、盘试、缶试、火试），凿井之法有五（即择地、量浅深、避震气、察泉脉、澄水），试水美恶辨水高下之法有五（即煮试、日试、味试、称试、纸帛试）[1]。这些方法简便易行，对旱地凿井有很大的帮助。他认为在我国北方沟洫水利不足时，可以使用水库、水井以蓄积雨雪之水；在人力、畜力以及中国传统的桔槔、辘

---

[1] 徐光启:《徐光启集》卷二《泰西水法序》，中华书局，1963年。

轳等机械的动力不足时，可以借鉴使用外国的抽水机械，后来，他把《泰西水法》的知识引入旱田用水五法，使之更切实可行。

明崇祯三年（1630），徐光启上奏"旱田用水疏"[1]，根据他对历史经验和水的自然循环系统的认识，提出了旱田用水理论。他认为"前代数世之后，每患财乏者，非乏银钱也。承平久，生聚多，人多而又不能多生谷也。其不能多生谷者，土力不尽也；土力不尽者，水利不修也。能用水，不独救旱，亦可弭旱……，不独救潦，亦可弭潦……。不独此也，三夏之月，大雨时行，正农田用水之时，若遍耕垦，沟洫纵横，播水于中，资其灌溉，必减大川之水……，故用水一利，能违数害，调燮阴阳，此其大者……。用水之术不过五法。尽此五法，加以智者神而明之，变而通之，田之不得水者寡矣，水之不为田用者亦寡矣，用水而生谷多，谷多而银钱为之权。当今之世，银方日增而不减，钱可日出而不穷"。"旱田用水五法"，指的是用水之源、用水之流、用水之潴、用水之委、作原作潴以用水，每

---

[1] 徐光启：《徐光启集》卷五《屯田疏稿·用水第二》，中华书局，1963年。

一方法都有细目，共计二十八条。

徐光启对旱田用水五法二十八条均有解释以及具体的实施办法。用水之源就是利用水源和泉水（如山下出泉、平地仰泉）。"用法有六：其一，源来处高于田，则沟引之……。其二，溪涧傍田而卑于田，急则激之，缓则车升之。激者，因水流之湍急，用龙骨翻车、龙尾车、筒车之属，以水力转器，以器转水，升入于田也。车升者，水流既缓，则以人力、畜力、风力运转其器，以器转水入田也。其三，源之来甚高于田，则为梯田，以递受之……。其四，溪涧远田而卑于田，缓则开河导水而车升之，急者或激水而导引之……。其五，泉在于此，用在于此，中有溪涧隔焉，则跨涧为槽而引之……。其六，平地仰泉，盛则疏通而用之，微则为池塘于其侧，积而用之……"

用水之流，就是利用水的支流，大者为江为河，小者为塘、浦、泾、浜、港、汊、沽、沥之类。徐光启说"其法有七"。归纳起来，主要有几种：第一，江河傍田、塘、浦、泾、浜、港等，近则车升之，远则疏导而车升之。第二，有固定水量的江河支流，应该修造闸、坝、渠，"疏而引之以入于田。田高则车升

图4 水塘（选自《农书》卷一八
《农器图谱十三·灌溉门》）

之，其下流复为之闸坝以合于江河；欲盈，则上开下闭而受之，欲减，则上闭下开而泄之"。第三，区别对待易涝区和易旱区的水利。对于前者，"江河塘浦之水，溢入于田，则堤岸以卫之；堤岸之田，而积水其中，则车升出之"；对于后者，"江河塘浦源高而流卑易涸也，则于下流之处，多为闸以节宣之。旱则尽闭以留之，潦则尽开以泄之，小旱潦则斟酌开阖之，为水则以准之"。第四，利用海水。"流水之入海者，而迎得潮汐者，得淡水迎而用之；得盐水闸坝遏之，以留上源之淡水"。

用水之潴，就是利用积水，如湖、荡、淀、海、波、泊。"用潴之法有六"，对于华北和西北地区有借鉴价值的是下面几条："其一，湖荡之傍田者，田高则车升之，田低则堤岸以固之……其二，湖荡有源而易盈易涸、可为害可为利者，疏导以泄之，闸坝以节宣之……其六，湖荡之易盈易涸者，当其涸时，际水而艺之麦；艺麦以秋，秋必涸也，不涸于秋，必涸于冬，则艺春麦。春旱则引水灌之。所以然者，麦秋以前无大水无大蝗，但苦旱耳，故用水者必稔也。"

用水之委，就是利用水的末流即海水，"海之用，为潮汐，为岛屿，为沙洲也。用法有四。其一，潮汐之淡可灌者，迎而车升之；易涸，则池塘以蓄之，闸坝堤堰以留之。潮汐不淡者，入海之水，迎而返之则淡……其二，潮汐入而泥沙淤垫者……为闸为坝为窦，以遏浑潮而节宣之……其三，岛屿而可田，有泉者疏引之，无泉者为池塘井库之属以灌之。其四，海中之洲渚多可灌，又多近于江河而迎得淡水也，则为渠以引之，为池塘以蓄之"。

作原作潴以用水。作原即凿井，利用地下水；作潴即修池塘水库，利用雨雪之水。因为"高山平原与水违，行泽所不至，开挑无施其力，故以人力作之"。"高山平原，水利之所穷也，惟井可以救之"。"作之法有五：其一，实地高无水，掘深数尺而得水者，惟池塘以蓄雨雪之水，而车升之，此山原所通用……其二，池塘无水脉而易干者，筑底椎泥以实之。其三，掘土深丈以上而得水者，为井以汲之，此法北土甚多，特以灌畦种菜。……宜广推行之也。井有石井、砖井、木井、柳井、苇井、竹井、土井，则视土脉虚实纵横及地产所有也，其起法有桔槔、有辘轳、有龙骨木斗，有恒升筒。用人、用畜，高山旷野或用风轮也。其四，井深数丈以上，难汲而易竭者，为水库以蓄雨雪之水。他方之井，深不过一二丈，秦晋厥田上上，则有数十丈者，亦有掘深而得碱水者。其为池塘，为浅井，亦筑土椎泥而水留不久者，不若水库之涓滴不漏者，千百年不漏也。其五，实地之旷者。与其力不能为井为水库者，望幸于雨则歉多而稔少，宜令其人多种木。种木者，用水不多，灌溉为易，水旱蝗不能全伤之。既成之后，或取果，或取叶，或取材，或取药，不得已而择取其落叶根皮，聊可延旦夕之命。"

徐光启的旱田用水五法二十八条，是在明朝北方干旱严重时提出的抗旱方法。他把所闻所见的各地用水蓄水技术方法和《泰西水法》中的抽水技术和水库水井等工程技术要求，运用于旱田用水五理论，对于扩大农田水利的供给水源，是积极的探索，对明清北方的抗旱起了理论方法上和技术上的指导作用。天启之末、崇祯之初，徐光启把《旱田用水疏》和《泰西水法》收入《农政全书》卷九和卷一九，后来陈子龙等又刊刻该书。清道光四年（1824），吴邦庆编辑《畿辅河道水利全书》，其中《泽农要录》全文转载徐光启的《旱田用水疏》和《泰西水法》中的凿井技术。光绪三年（1877）刊刻的湖南《善化县志》卷五《水利》，也选录了《泰西水法》中的"取江河水用龙尾车纪略"。这些方法的传播，不仅对西北华北，就是对南方广大地区农田水利的发展，特别是推广井灌也是有益的。

二、王心敬的井利说

清代，关中理学经世学者王心敬，于雍正十年（1732）著《井利说》[1]，他认为"夫天道六十年必有一大水旱，三十年必有数小水旱，即十年中，旱歉亦必一二值"。他根据亲历亲闻，提出在华北和西北发展

---

[1] 王心敬：《丰川续集》卷三八《户政十三农政下·井利说》，民国二十四年（1935）陕西通志馆排印本。

井灌："掘井一法，正可通于江河渊泉之穷，实补于天道雨泽之阙。吾生陕西，未能遍行天下，而如河南、湖广、江北，则足迹尝及之。山西、顺天、山东，则尝闻之。大约北省难井之地，惟豫省之西南境，地势高亢者，井灌多难。至山东、直隶，则可井者，当不止一半，特以地广民稀，小民但恃天惟生，畏于劳苦，而历来当事，亦畏于草昧经营，故荒岁率听诸天，坐待流离死亡耳。惟山西则民稠地狭，为生艰难，其人习于俭勤，故井利甲于诸省。然亦罕遇召父、杜母为监司，故井处终不及旷土之多。……惟地下之水泉终无竭理，若按可井之地，立掘井之法，则实利可及于百世"。他特别论述了陕西省适宜开井的自然区域："至于吾陕之西安、凤翔二府，则西安渭水以南诸邑，十五六皆可井，而民习于惰，少知其利，独富平、蒲缄二邑，井利顺盛，如流渠、米原等乡，有掘泉至六丈外，以资汲灌者，甚或用砖包砌，工费三四十金，用辘轳四架而灌者，故每值旱荒时，二邑流离死亡者独少，凤翔九属，水利可资处，又多于西安，而弃置未讲者，亦且视西安为多"，故他认为应该在西北华北大力推行凿井。

王心敬对凿井的具体问题也有详尽的研究。关于凿井的具体数目，他认为"凡乏河泉之乡，而预兴井利，必计丁成井，大约男女五口，必须一圆井，灌地十亩；十口则须二圆井灌地十亩；若人丁二十口外，得一水车方井，用水车取水。然后可充一岁之养，而无窘急之忧"。关于凿井的地势，他认为必视地势高下浅深之宜，"地势高，则为井深而成井难；地势下，则为井浅而成井易。然又有虽高而不带沙石，成井反易也。地下而多有沙石，成井反难也"。关于凿井的准备，他说："凡近河近泉近泽一二里间，水可以引到之处，则襄江水车制可用，至于井深二丈以上，则山陕汲井之车，无不可用。但井须砖石包砌，工费颇多，……惟砖料先备，则临时一井，数日可完，虽水面降落，泉不易竭矣"。

关于凿井的投入和成井后所带来的利益，他说："凡为井之地，大约四五丈以前，皆可以得水之地，皆可井。然则用辘轳则易，用水车则难。水车之井，在浅深须三丈上下。且即地中不带沙石，而亦必须用砖包砌，统计工程，井浅非七八金不办，井深非十金以上不办，而此一水车，亦非十金不办。然既成之后，

则深井亦可灌二十余亩，浅井亦可灌三四十亩，但使
粪灌及时，耘籽工勤，即此一井，岁中所获，竟可百石，
少亦可七八十石。夫费二三十金，而荒年收百石，所
值孰多？……至于小井……工费亦止在三五金外，然
一井可及五亩，但得工勤，岁可得十四五石谷，更加
精勤，二十四五石可得也，夫费三五金，而与荒年收
谷十四五石，甚至二十余石，所值孰多？且即八口之
家，便可度生而有余，是则用辘轳之井，尤不可忽也。"
从投入和将来可能产生的效益来计算，凿井是有利可
图的。

明朝以至清初，凿井取水只是用于农家园圃，"盖
人挽牛汲。多在园圃。用力既勤，溉田无多故也"[1]。
王心敬的井利说，贺长龄、魏源编辑《清经世文编》
时收入《井利说》，这对于宣传井利说，扩大农田水利
的给水源是很有益的。

---

[1] 宋伯鲁、吴廷锡：《续修陕西通志稿》卷六一《水利·附井利》，民
国二十三年（1934）陕西通志馆排印本。

三、西北旱田用水蓄水的实践效果

徐光启的旱田用水五法及凿井法，王心敬的井利说，对于指导华北和西北的凿井起了重要作用，使华北和西北出现了以凿井抗旱的局面，并取得了显著效果。乾隆二年（1737），陕西巡抚崔纪采纳王心敬的井利说，开始推广凿井法。他说："陕西平原八百余里，农作率皆待泽于天，旱即束手无策。窃思凿井灌田一法，实可补雨泽之阙。……西安、同州、凤翔、汉中四府，并渭南九州县，地势低下，或一二丈，或三四丈，即可得水。渭北二十里州县，地势高仰，亦不过四五丈六七丈得水。但有力家，可劝谕开凿，贫民实难勉强，恳将地丁耗羡银两，借给贫民，资凿井费，分三年完缴，再凿井耕田，民力况瘁，与河泉水利者不同，请免以水田升科"。崔纪的奏请，得到允行。当年统计，陕西新开井包括水车大井、豁泉大井、桔槔井、辘轳井共计 68 980 余口，可灌田 20 万余亩。次年三月，乾隆帝以"崔纪办理未善，只务多井之虚名，未收灌溉之实效"为由，将他改调湖南巡抚。[1]

乾隆十三年（1749）继任的陕西巡抚陈宏谋，调查了崔纪推行凿井的数量，肯定了凿井的功效："乾隆二年，崔前院曾通行开井，西、同、凤、汉四府，乾、邠、商、兴四州，共册报开成井三万二千九百余眼，而未成填塞者数亦约略相同，其中有民自出资开凿者，有借官本开凿分年缴还者。……崔院任内所开之井，年来已受其利"。陈宏谋受王心敬井利说的影响，进一步推广凿井："前次莅陕，见户县王丰川先生所著《井利说》，甚为明切，悉心体访，井利可兴，凡一望青葱烟户繁盛者皆属有井之地。……曾行令各属巡历乡村，劝民开井甚多。去冬今春，雨雪稀少，夏禾受旱，令各属分别开报，惟旧有井泉之地，夏收皆厚；无井之地，收成皆薄。即小民有临时掘井灌溉者，亦尚免于受旱，则有井无井，利害较然，凿凿不爽，此外，刻意开井而未开之地，亦正不少。"他普查了陕西适宜开井的地方："大概渭河以南，开井皆易；渭河以北，高原山坡，不能开井。其余平地开井稍难。然开

---

[1] 宋伯鲁、吴廷锡：《续修陕西通志稿》卷六一《水利·附井利》，民国二十三年（1934）陕西通志馆排印本。

至四丈，未有不及泉者。除延、榆、绥、鄜（今作富）四属难议开凿外，其余各府州难易不同。"于是陕西再次出现凿井高潮。《续修陕西通志稿》作者说："虽所开数目，后无所闻，而各地井利，必有增无减，可断言也。《大荔采访册》言大荔县境洛南渭北即古沙苑，地东西绵亘七十里，约不下千余井，每井灌田二三亩，四五亩，多至七八亩。闻系陈公抚陕时遗法，农圃之利，至今赖之"。[1]

明清时期，除西北的陕西外，华北各省凿井事业也有发展。山西，徐光启称"所见高原之处，用井灌畦，或加辘轳或籍桔槔，……闻三晋最勤"[2]。王心敬认为山西"井利甲于诸省"。崔纪籍居蒲州，他说，常将蒲州、安邑农家多井，"小井用辘轳，大井用水车"[3]。同治《稷山县志》说：稷山农户多凿井灌田。河北，徐光启说"真定诸府大作井以灌田，早年甚获其利，宜

---

[1] 宋伯鲁、吴廷锡:《续修陕西通志稿》卷六一《水利·附井利》，民国二十三年（1934）陕西通志馆排印本。

[2] 徐光启:《徐光启集》卷五《屯田疏稿·用水第二》，中华书局，1963年。

[3] 宋伯鲁、吴廷锡:《续修陕西通志稿》卷六一《水利·附井利》，民国二十三年（1934）陕西通志馆排印本。

广推行之"[1]。乾隆时期"直省各邑,修井溉田者不可胜纪"[2]。乾隆《无极县志》记载:"直隶地亩惟有井为园地,园地土性宜种二麦、棉花,以中岁计之,每亩可收麦三斗,收后尚可接种秋禾。……其余不过种植高粱、黍、豆等项,中岁每亩不过五六斗,计所获利息,井地之与旱地,实有三四倍之殊"[3]。像这类记载,地方志中还有很多,以上只是举略而已。

四、明清旱地用水理论与实践的现代借鉴价值

从西北农业可持续发展的角度看,明清西北旱地用水理论与实践,有其借鉴价值。

首先,明清时期农学家解决干旱半干旱地区用水问题的广阔思路值得今人借鉴。我国的西北、华北地处干旱半干旱地带,要通过多渠道、多途径才能解决水源短缺问题,这就需要人们开阔思路。徐光启提出

---

[1] 徐光启:《徐光启集》卷五《屯田疏稿·用水第二》,中华书局,1963年。

[2] 任衔蕙、杨元锡:《枣强县志》卷一九,清嘉庆九年(1804)刻本。

[3] 黄可润:《无极县志》卷末《艺文志》,清光绪十九年(1893)圣泉书院补刻本。

旱田用水五法二十八条的思路，把他所闻所见的各地行之有效的方法，加以整理介绍，力图在华北和西北推广，如他认为宁夏的唐来渠、汉延渠引水方法，应该"因此推之，海内大川，仿此为之，当享其利济"；北方用于园圃灌溉的水井，应该推广到农田；对南方的"水则"制度，即"水则者为水平之碑，置之水中，刻识其上，知田间深浅之数，因知闸门启闭之宜"，他认为"他山乡所宜则效"。这种开阔思路是有借鉴价值的。

其次，他们提出的旱地用水的具体方法，如，在有条件的地方凿井以利用地下水，修池塘水库以蓄积利用雨雪之水，这些对于解决西北干旱半干旱地区水源短缺，扩大农田的给水源，也不失为行之有效的途径。近年来，华北和西北部分缺水地区，利用雨水资源，取得了显著效果；利用积雪资源以蓄水，也应该很有前景。徐光启提出的用水之委，即在海滨地带利用淡化后的海水以表溉农田，这种方法也值得提倡。

最后，他们都具有强烈的节水意识。徐光启在提倡蓄水时注重节水，他提出"为池塘而复易竭者，筑土椎泥以实之，甚则为水库以蓄之……，筑土者，杵筑其底；椎泥者，以椎椎底作孔，胶泥实之，皆令勿漏也。水库者，以石砂瓦屑和石灰为剂，涂池塘之底及四旁，而筑之平之如是者三，令涓滴不漏也。此蓄水之第一法也"[1]。王心敬提出凿井必须用砖石包砌，实际就是为了节约水源，不使水源渗漏。目前，西北和华北农田灌溉中的大水漫灌，渠道水库渗漏浪费了60％以上的水资源，如果进行防渗处理，就可以增加三分之一的灌溉面积。

从西北农业可持续发展角度看，明清时期旱地用水蓄水理论与实践，今天仍有其借鉴价值，以上所论只是荦荦大者。有识之士可以变通而借鉴之。

---

[1]　徐光启：《徐光启集》卷五《屯田疏稿·用水第二》，中华书局，1963年。

三农问题的出路在农外

 王毓瑚教授（1907—1980）是我国著名的农史学家。王毓瑚教授有史以致用的学术宗旨，注重总结我国古代农业的特点和问题，以及对今天农业的经验教训。他在整理农学文献和研究农史方面做了很多工作，有突出的贡献。他校勘了《王桢农书》《农桑衣食撮要》等古农书，编著了《中国畜牧史资料》《中国经济史资料（秦汉三国编）》等资料，撰著了《中国农学书录》《中国古代农业科学的成就》《我国历史上土地利用的若干经验教训》《中国农业发展中的水和历史上的农田水利问题》等有影响的论著。他的这些工作，既富于理论意义，也富于现实意义。作者在1996年为研究国家教委哲学社会科学规划课题青年项目"元明北方农田水利与生态环境变迁"和北京哲学社会科学规划课题青年项目，曾辗转到位于圆明园西路的中国农业大学图书馆，查阅王毓瑚教授的论文《中国农业发展中的水和历史上的农田水利问题》，后来在撰述博士学位论文《元明北京建都与粮食供应——略论元明人们的认识与实践》时，除了解清人和元明以前人们在相关问题上的认识外，还特别重新研读白寿彝、史念海、王毓瑚、冀朝鼎、杨直民、董恺忱、谭其骧、邹逸麟、姚汉源、瞿林东、郑师渠、周魁一、施和金、葛剑雄、张芳、王育民等现当代著名学者的相关论述，从中受到很多启发。纪念王毓瑚先生，就是要继承他史以致用的学术精神，述往事，思来者，研究历史，关注现实，提出对未来农学和三农问题的建议或思考。从这个角度上，历史上的经验教训，对今天解决三农问题，或许能提供点思路上的启示。宋人陆游说："汝果欲学诗，工夫在诗外。"[1]三农问题的出路在三农外。有些问题，如作物品种的问题，是品种改良的技术进步问题，可以在三农内部解决。但三农问题绝非在三农内部就可以解决的，而是要跳出三

---

[1] 陆游：《剑南诗稿》卷七六《示子遹》，台湾商务印书馆影印文渊阁四库全书。

农的范围，在国家的政治经济总体发展中，来解决三农问题。现在，我想到的就是几点，要处理好三对矛盾，即国家利益和农民利益的矛盾、官员政绩和农民利益的矛盾、京师利益和地方利益的矛盾，就有助于三农问题的解决。我不是研究当代农业政策的，我只是从历史的经验教训中，给诸位致力于研究三农政策和问题的同志，提供一点历史资料，请同志们指正！

一、国家利益和农民利益的矛盾

列宁说："国家是一个阶级压迫另一个阶级的机器。"[1]在阶级社会，国家的本质是统治阶级用以维护自身利益而压迫其他阶级利益的机器。国家的职能是国家发挥作用的具体表现。国家职能可分为两大类，一是社会职能，二是统治职能，二者又往往有密切联系，不可分割。从中国历史上看，国家的社会职能主要是防水治水，修整道路，发展生产和做好保卫工作。国家的统治职能是编制劳动户口，征收赋税，盐铁专

---

[1]《列宁选集》第四卷，人民出版社，1995年，第44、45、49页。

卖和发行货币，这些是重要的合法的剥削手段，而法外的剥削名目繁多。[1]

中国封建社会，特别是元、明、清三朝，在赋税征收和漕运问题上，国家利益和农民利益始终处于极大的矛盾中，而最高统治者并不想解决这个巨大的矛盾。在解决农业税费沉重的问题上，今人多提及黄宗羲定律。实际上，元、明、清七百年间，有许许多多的江南籍官员学者在论证江南赋重漕重问题时，都研究了江南地区自唐宋以来赋税层累增加的历史。明清之际，顾、黄、王三大思想家对于中国自唐以来一千多年的赋税问题，都提出了深刻的认识。王夫之认为，两税法为法外之征，宋朝役法为庸外加役，明一条鞭法是两税外的加派，三饷为一条鞭外之加征[2]，这样，王夫之揭示了自唐至明赋税层层加额的实质。南唐根据土地肥瘠于税外加赋，使人民以有田为累。使"有田不如无田，而良田不如瘠土也。……故自宋以后，当其全盛，不能当汉

---

[1] 白寿彝主编：《中国通史　第一卷　导论》，上海人民出版社，1989年，第221—229页。

[2] 王夫之：《读通鉴论》卷二四《唐德宗四》，中华书局，2013年。

唐十一，本计失而天下瘠也。……相承六百年而不革。"[1] 这是说南唐根据土地肥瘠决定征税等级之制度，使民以有田为累，导致"南方之赋役所以独重""相承六百年而不革"的局面。王夫之从唐、宋、元、明赋税层累增加方面，分析明朝江南赋重的赋税制度原因。顾炎武提出"苏松二府田赋之重"的命题，他认为，"此固其积重难返之势，始于（宋）景定，迄于洪武，而征科之额，十倍于绍熙以前者也"[2]。

黄宗羲论赋税制度，认为赋税有积累之害，即田税之外复有户税，户税之外有丁税，两税法并庸调入于租，实为重出之赋。一条鞭法，并银力二差入两税，实为重出之差。合三饷为一，是新饷、练饷又并入两税。所以，明末两税，比汉唐不止增长十倍。历代统治者以"其时之用而制天下之赋"，赋额日增："吾见天下之赋日增，而后之为民者日困于前。……今天下之财赋出于江南，江南之赋至钱氏而重，至张士诚而又重，有明亦未尝改。故亩之赋自三斗起科至于七斗，七斗

---

[1] 王夫之：《读通鉴论》卷三〇《五代下五》，中华书局，2013年。

[2] 顾炎武：《日知录》卷一〇"苏松府田赋之重"条，上海古籍出版社，2012年。

之外，尚有官耗私增。……乃其所以至此者，因循乱世苟且之术也。"[1] 黄宗羲、王夫之对层累增加赋税的赋税制度的探讨，是中国古代关于赋税制度演变实质的高度总结和概括，其理论高度，至今无人可及。[2]

清朝乾隆朝修四库全书时，有条件地收录顾、黄、王的著作。凡是文字、音韵、训诂、经解、金石等"不切人事"（不关系清朝统治的）的著述，一般都全数收录，而对统治不利的著作，或根本隐而不提，或斥其为迂阔不切实际。四库馆臣认为，儒生主张恢复封建、井田等，是"不按时势之不可行"。要"辟其异说，黜彼空言。"[3] 四库全书中收录了顾炎武十几种经学、金石学、音韵学方面的著述，但批评顾炎武的音韵学主张："顾炎武之流，欲使天下言语，皆作古音，迂谬抑更甚焉。"[4] 称赞顾炎武"学有本原，博赡而能通贯，每

---

[1] 黄宗羲：《明夷待访录·田制三》，中华书局1981年点校本。

[2] 王培华：《元明北京建都与粮食供应》，北京出版社，2005年，第166—167页。

[3] 纪昀总纂：《四库全书总目提要》卷首三《凡例》，河北人民出版社，2000年。

[4] 纪昀总纂：《四库全书总目提要》卷首三《凡例》，河北人民出版社，2000年。

一事，必详其始末，参以证佐，而后笔之于书。故引据浩繁而抵牾者少。"但是批评顾炎武的主张迂阔难行："惟炎武生于明末，喜谈经世之务，激于时事，慨然以复古为志，其说或迂而难行，或愎而过锐。"[1]四库收录了《日知录》，而对于《天下郡国利病书》，则只是于《四库全书总目提要》卷七十二《史部地理类存目》中著录该书。四库全书著录了黄宗羲五种著作，即《易学象数论》《深衣考》《孟子师说》《明儒学案》《金石要例》等，对于《明夷待访录》则只字不提。好在四库全书收录了顾炎武《日知录》，《日知录》卷十七"进士得人"条下，有"余姚黄宗羲作《明夷待访录》其取士篇曰"云云，才使人知道黄宗羲有此著作。王夫之的著作，康熙四十四年湖广学政潘宗洛为王夫之作传，五十七年湖广提学缪沅为《船山全书》作序，他们都见过《读通鉴论》。潘宗洛、储六雅推荐了王夫之的二十八种著作入四库馆，但《四库全书》只收录了王夫之关于经学注疏七种，即《周易稗疏》《书经稗疏》《尚书引义》《诗经稗疏》《春秋稗疏》《春秋家说》

---

[1] 纪昀总纂：《四库全书总目提要》卷一一九《子部杂家类·日知录提要》，河北人民出版社，2000年。

《叶韵辩》七种，存目中著录《尚书引义》六卷和《春秋家说》三卷等，共计七种。[1] 而对于王夫之具有批判封建专制主义精神的《读通鉴论》和《宋论》则隐而不提。顾、黄、王关于赋税问题的见解，当时得不到较大范围的传播。这是清朝统治者有意为之的结果。

再举一例，来说明封建国家利益与农民的利益始终处于极大矛盾中。国家的社会职能主要是防水治水、发展生产；而国家的统治职能是征收赋税，满足京师皇室、百官、军队的粮食需求。国家的漕运和农民的灌溉就发生不可调和的矛盾，元明清三朝都无法解决，或者根本不想解决这个问题。漕运产生得很早，其主要目的是漕运东南粮食到京师。这样，农田灌溉就和漕运发生极大的矛盾。

元、明、清，漕运用水都优先于灌溉用水。国家施行严格的"河工禁例""漕河禁例"，在运河河道中，粮船先过，官船次之，商民船最后；在山东、河南、河北、天津等运河及运河水源地区，为了保证运河用水，严厉禁止使用水源灌溉农业。元世祖至元三年七

---

[1] 黄耀武：《王教对船山思想的传播》，《船山学刊》1999 年 2 期。

月六日都水监言，运河"沧州地分，水面高于平地，全借堤堰防护。其园面之家掘堤作井，深至丈余，或二丈，引水以溉蔬花。复有濒河人民就堤取土，渐阙破，走泄水势，不惟涩行舟，妨运粮，或至漂民居，没禾稼"。部议"仍禁止园圃"之家穿堤作井，栽树取土。都、省议准。[1] 都水监和中书省议准，为保证会通河漕运畅通，禁止园圃之家掘堤作井，引水灌溉，栽树取土，走泄水势。这是以法规法令的形式保证运河水量，体现了国家保证运河水源的法典化意识。元文宗天历三年（1330）三月中书省臣言："世祖时开挑通惠河……以通漕。今各枝及诸寺观权势，私决堤堰，浇灌稻田、水碾、园圃，致河浅妨漕事。"[2] 权势之家引运河水来灌溉，都被明令禁止，其他民众更不可能从运河引水灌溉农田，这是不言而喻的。

元、明、清三朝，会通河包括济州河和会通河两段，全长400里。由于这段运河使用闸坝利用山东中部众多泉水来蓄积水势，所以又叫闸河、泉河、山东运河。《元典章》、《明会典》和《清会典》中都有闸坝禁令与

---

[1] 《元史》卷六四《河渠志一》，中华书局1976年点校本。

[2] 《元史》卷四《河渠志一·白河》，中华书局1976年点校本。

漕河禁例，以法典的规定，来维护漕运用水，禁止灌溉用水。它们与《通典》不一样，《通典》是历史上典章制度等文献的汇编。《元典章》、《明会典》和《清会典》，是国家法典。明清对于闸坝及漕运都有许多禁令、禁例。令，是皇帝的制诏；例，是官员办事的成例，具有法规性质。闸坝禁令和漕河禁例，就是明清两朝关于运河及闸坝使用的规章制度。成化七年（1471），王恕为河道总督。总理河漕，王恕不仅修闸坝、浚河道，而且著《漕河通志》叙述古今史实。弘治九年（1496），王琼删改压缩《漕河通志》为《漕河图志》，其卷三《漕河禁例》备载武宗、英宗、宪宗皇帝关于闸坝的禁令。这些禁令，对于山东运河闸坝的使用有严格规定，其实质是漕粮运输优先于其他一切运输。《漕河禁例》还载有许多禁例，其中有些禁例，是不允许山东、河南灌溉用水："凡河南省内有犯故决河防及盗决，因而淹没田庐，计漂失物价，律该徒流者为首之人并发充军；军人犯者徙于边卫。凡故决山东南旺湖、沛县昭阳湖堤岸，及阻绝山东泰山等处泉流者，为首之人并遣从

军；军人犯者徙于边卫。"[1] 这是禁止山东、河南境内
引水灌溉，务必保证漕运用水。[2] 这两条禁例，潘季
驯之前，只实行于河南、山东。

明朝《漕河禁例》，清朝承之，并屡次重申。《钦
定大清会典事例》卷一百三十三《工部·都水清吏司
三·河工三》都延续明朝的《漕河禁例》，并且以列帝
谕旨的形式重申。《钦定大清会典事例》卷六百九十八
《工部·河工禁例》备载清朝自顺治至嘉庆时关于运河
的禁例，其中有些禁例是专门禁止山东、河南、直隶、
江南等地一切违背运河用水的事例。顺治、康熙、雍
正、乾隆时都重申，卫河水源要济漕，每年四五月不
许农民灌溉丹河"自三月初一至五月十五日，令三日
放水济运，一日塞口灌田"。康熙四十四年（1705）规定，
嗣后有故决、盗决南旺、昭阳、蜀山、安山积水等湖，
并阻绝山东泰安等处泉源，有干漕河禁例者，不论军
民，概发边远卫充军。江南运河亦如此，乾隆五十年
奏准，江南运河分段设立志桩，以水深四尺为度，如

---

[1] 王琼：《漕河图志》卷三《漕河禁例》，台湾商务印书馆影印文渊阁
　　四库全书。

[2] 王圻：《续文献通考》卷三七《国用考·漕运》，中华书局，1986 年。

水深四尺以外，任凭两岸农民戽水灌田，如止深四尺，毋致车戽，致碍漕运[1]。这些运河管理的规定，体现了明清国家管理运河的意识的加强。但也说明在农作物极其需水时节、运河水源不足时，漕运用水优先于灌溉用水及其他用水的国家政策。元、明、清三朝的"清河禁例"，分别载于《元典章》、《明会典》和《钦定大清会典事例》——不仅是漕运部门的行政法规，而且具有国家法典的性质。《大清律例》卷三十九《工律·河防·盗决河防》规定了盗决运河河防的具体量刑定罪标准，凡盗决、故决河防者，轻则丈刑一百，重则发近边充军三年。

明潘季驯提出，要把施行于山东、河南的漕河禁例，施行于江苏高家堰。他说："臣敢以为此例，不但可施之湖水、泉源、管闸官役而已矣"，请求皇帝下部议，把这两条禁例施行于高家堰，"如有盗决高家堰尺寸之口，及大使官知而不举，受贿纵容，比照前例，一体问发，著为定例，榜示淮安，庶人心警惕，自不

---

[1] 昆冈等修：《钦定大清会典事例》卷六九八《工部·河工禁例》，台湾商务印书馆影印文渊阁四库全书。

敢犯矣。"[1]他建议要把《漕河禁例》中禁止河南山东农民灌溉用水的规定，推广到江苏淮安高家堰。后来果真实行。

江苏省虽然水源丰富，但干旱之年，庄稼急需用水。但为了保证运河用水，不许农民用水。大水年份，又开减水坝来保护大坝，这就必然冲毁民田庐舍。对此，光绪五年（1879），两江总督沈葆桢说："民田之与运道，势不两立者也。兼旬不雨，民欲启涵洞以灌溉，官则必闭涵洞以养船，于是而挖堤之案起，至于河流断绝，且必夺他处泉源，引之入河，以解燃眉之急。而民田自有之水利，且输之于河，农事益不可问矣。运河势将漫溢，官不得不开减水坝以保堤，妇孺横卧坝头哀呼求缓，官不得已，于深夜开之，而堤下民田立成巨浸矣。"[2]沈葆桢此论，描述了江南地区运河用水对农业灌溉的阻碍，可谓切中要害。

---

[1] 潘季驯：《河防一览》卷一三《条陈河工补益疏》，台湾商务印书馆影印文渊阁四库全书。

[2] 沈葆桢：《议覆河运万难修复疏》，见葛士濬辑：《皇朝经世文续编》卷四八《户政二十·漕运中》，光绪五年，上海图书集成局清光绪十四年铅印本。

元明清三朝的"漕河禁例"兼有行政法规和国家法典性质，其严格执行，使运河两岸和山东、河南、河北运河水源地的农业生产受到限制，这是连两江总督沈葆桢都不得不承认的事实。总之，元明清三朝，国家为了保证京师的粮食供应，不惜牺牲运河沿线农民的灌溉利益。这是根本无法解决的矛盾。

徐光启说，《虞书》六府始于水，终于谷[1]，递相克治而成，则水者生谷之籍也。如今法，运东南之粟，自长淮以北诸山诸泉，涓滴皆为漕用，是东南生之，西北漕之，费水二而得谷也。漕能使河坏、漕能使水费、漕能使国贫。水能转漕，亦能生谷，于是他提出"西北之水亦谷也"的观点[2]。即他们提出为什么西北不发展农田水利，就近解决京师粮食供应问题。清初太仓人陆世仪说："会通河全是人力做成，使水节就制而为我用，功亦伟矣。然当时臣工，何不移此力共成西北水利，而为此以困东南，大巧反为大拙。"他还说："西北水利不修，只坏在运河一事。运河地形本难通流潴

---

[1] 《虞书》中说，水、火、金、木、土、谷，为六府。水制火，火炼金，金治木，木垦土，土生谷。

[2] 徐光启：《徐光启集》卷一《漕河议》，上海古籍出版社，2010年。

水，设为无数坝闸，勉强关住，常虑水浅不敷，运道艰阻。故凡北方诸水泉，悉引为运河之用，民间不得治塘泊为田者为此故也。习久不讲，北人但知水害，不知水利，其为弃地也多矣。西北弃地多，不得不取足东南，东南竭则西北亦因之以坏，建都不讲，西北水利不修，运河不废，民生之病未有已也。"[1] 所以他主张讨论北京建都利弊、兴修西北水利、废除运河，才能解除民生之病。所以元明清七百年间，有五六十位江南官员学者（籍贯在江南地区），如虞集、徐贞明、徐光启、陆世仪、唐鉴、潘锡恩、林则徐、包世臣、冯桂芬等，都提倡发展西北水利（包括畿辅水利），但由于种种原因，而没有实现。[2]

怎样评价运河的历史作用？怎样评价元明清畿辅水利的效果？元明清江南籍官员学者都论证了元明清京师依赖运河的负面作用，批评了元明清国家忽视发展畿辅水利的政策。但新中国成立以后，我们基本无视古人的认识成果，一味地肯定运河的积极作用。20

---

[1]　陆世仪：《思辩录辑要》卷一五《治平类》，四库全书电子版。

[2]　王培华：《元明北京建都与粮食供应》，北京出版社，2005 年，第170—207 页；《元明清华北西北水利三论》，商务印书馆，2008 年。

世纪 80 年代，邹逸麟教授专门研究了元明清山东运河的历史地理问题，论述了山东运河即会通河在地理方面存在的主要问题。[1] 这两篇文章，从自然条件的角度分析了运河的历史地位和影响，指出了运河有违背或破环自然条件的特点，是认真反思运河作用的开创之作。王育民教授、姚汉源教授都论述了运河的副作用。[2] 史念海教授指出，从遥远的地方运输粮食到首都，有自然水道的艰险、人工水道开凿和维护的不易。[3] 这说明 20 世纪八九十年代，人们在肯定大运河的历史作用时，也在反思运河违背自然条件的特性。怎样评价元明清的畿辅水利？ 20 世纪 30 年代冀朝鼎就指出了元明清三朝对西北（含畿辅水利）的忽视 [4]，20 世纪 80 年代董恺忱教授指出由于漕运始终凌驾于

---

[1] 邹逸麟：《山东运河历史地理问题初探》，《历史地理》1981 年第 1 期；邹逸麟：《从地理环境的角度考察我国运河的历史作用》，《中国史研究》1982 年第 3 期。

[2] 王育民：《中国历史地理概论》，人民教育出版社，1987 年，第 80 页；姚汉源：《中国水利史纲要》，水利电力出版社，1987 年，第 547 页。

[3] 史念海：《中国古都形成的因素》，见《中国古都与文化》，中华书局，1998 年，第 190—195 页。

[4] 冀朝鼎：《中国历史上的基本经济区与水利事业的发展》，中国社会科学出版社，1978 年。

农业灌溉、防涝和排洪之上，以及不同阶级和利益集团的经济冲突，元明清的畿辅水利，始终成效不大 [1]。我受到这些著名学者思想的启发，也学习到粮食安全、环境变化问题的相关理论与方法，在撰述博士学位论文《元明北京建都与粮食供应——略论元明时期人们的认识与实践》时，在第二章中，专门论述京师及畿辅地区生态环境变化与农业经济发展关系，特别提出元明清江南籍官员学者提倡西北水利（含畿辅水利）的主张和客观效果、北方官员反对发展西北水利的认识根源与经济根源；在第三章中，论述了漕运与地理条件的关系，以及人们对运河在破坏生态环境、违反自然条件方面的认识成果。[2] 这些论述和其中的一些观点，受到论文评阅人、答辩委员会及北京市哲学社会科学理论著作出版基金委员会的赞同。近年来，运河沿线城市呼吁申报世界遗产，学术界出版了几种关于漕运文化的论著，其中不乏科学客观的态度。中

---

[1] 董恺忱：《明清两代的"畿辅水利"》，《北京农业大学学报》1980年第3期。

[2] 王培华：《元明北京建都与粮食供应》，北京出版社，2005年，第113—206页，217—287页。

国社会科学院历史所杜瑜研究员指出，元明清统治者宁可牺牲运河两岸农业生产，也要保证漕运需要，这就是以往漕运与运河两岸农业发展长期之间的尖锐矛盾。[1] 总的来说，现在史学工作者，特别是历史地理学工作者，由于能够从自然条件和环境变化角度看问题，对漕运和运河问题，已经有比较客观、科学的认识了。

二、官员政绩和农民利益的矛盾

中国封建社会，国家依靠官员实行管理。宋神宗时，文彦博反问皇帝：陛下是与士大夫治理天下，还是与百姓治理天下？！当然，皇帝是与官员治理天下。农业生产，如各种农作物的种植和收获，各种陆地动植物和海洋生物的养殖和收获，各种林木的栽种和砍伐，既有一定的生产周期，又承受着各种自然风险和市场风险的考验。而政府各级官员，都受任期和政绩考核限制，不可能时时事事讲求实效。这样，官员的政绩考核，就和农民的实际利益发生矛盾，往往出现

---

[1] 杜瑜：《运河与现代化》，见《漕运文化研究》，学苑出版社，2007 年，第 163—174 页。

一些官员只求政绩而不顾实效的事情，损害农民利益。

以元代的重视农桑和劝农来说，官员政绩和农民利益发生很大矛盾。蒙古族本来以游牧和军事掠夺等方式来获得财富，"其俗不待蚕而衣，不待耕而食"[1]。统治者认为农桑无足轻重。1229 年，有一位蒙古贵族还说："汉人无补于国，可悉空其人以为牧地。"[2] 这是蒙古族上层人物对于汉地农业的看法。但元太宗接受了耶律楚材的建议，允许华北和中原地区进行农业生产并征收赋税，并最终获得了实际效果。元世祖时，张德辉、杜瑛、姚枢、许衡等，都曾经向他讲述农桑的重要性。元世祖终于确立了"以农桑为本"的立国方略："世祖即位之初，首诏天下，国以民为本，民以衣食为本，衣食以农桑为本。"[3] 并且制定了重农桑制度，"至元七年，立司农司，……农桑水利。仍分布劝农官及知水利者，巡行郡邑，察举勤情。所在牧民长官提点农事……。是年，又颁农桑之制一十四条"，[4]

---

[1] 《元史》卷九三《食货志一·农桑》，中华书局 1976 年点校本。

[2] 《元史》卷一四六《耶律楚材传》，中华书局 1976 年点校本。

[3] 《元史》卷九三《食货志一》，中华书局 1976 年点校本。

[4] 《元史》卷九三《食货志一·农桑》，中华书局 1976 年点校本。

农桑之制包括立社、河渠、区田、种植等。重视农桑，后来成为地方官员的指导思想。元代出现了司农司《农桑辑要》、王祯《农书》、鲁明善《农桑衣食撮要》等农书，从理论和方法上指导农桑种植。《农桑辑要》前后印刷一万部，"颁赐朝廷及诸路牧守令，知稼穑之艰难，以劝谕民"[1]，体现了朝廷要在各级官员和农民中普及农桑技术的意识。

当时王磐、蔡文渊等盛赞司农司、劝农使和《农桑辑要》指导农业的积极作用。但是，也有官员指出劝农的弊端有二。一是劝农反而扰民。至元时，胡祗遹说："劝农之弊，反致劳民，废夺农时。"[2] 王祯说：地方官不解农事，"已犹未知，安能劝人，借日劝农，比及命驾出郊，先为移文，使各社各乡预相告报，期会斋敛，只为烦扰耳！"[3] 二是，农民和地方官员弄虚作假，上下相蒙。胡祗遹说："劝之以树桑，畏避时捶打，则植以枯枝，封以虚土，劝之以开田，东亩熟而西亩

---

[1] 元司农司编、缪启愉校释：《元刻农桑辑要校释·附录》，农业出版社，1988 年。

[2] 胡祗遹：《紫山大全集》卷一九《论司农司》，文渊阁四库全书电子版。

[3] 王祯：《农书》卷四《劝助篇》，农业出版社，1981 年。

荒，南亩治而北亩芜。"农官上报垦田栽桑数字，但农民箧筒仓廪一无实效，致使将来"富贵之虚声达于上，奸臣乘隙而言可增租税"，"使民因虚名而受实祸，未必不自农功始。"[1] 许有壬回忆自己延祐六年（1319）除山北道廉访司经历时[2]，亲眼所见，各县上报农桑成果中的弄虚作假："以一县观之，一地凡若干，连年栽植，有增无减，较恰成数，虽屋垣池井，尽为其地犹不能容，故世有'纸上栽桑'之语。大司农总虚文，照磨一毕，入架而已，于农事果何有哉！"[3] 这是北方的情况。

江南如何？至正九年（1349）左右，赵汸说："尝见江南郡邑，每岁使者行部，县小吏先走田野，督里胥相官道旁有墙堑篱垣类园圃者，辄树两木，大书'畦桑'二字揭之。使者下车，首问农桑以为常。吏前导诣畦处按视，民长幼扶携窃观，不解何谓，而种树之数，已上之大司农矣。"[4] 当时官员对劝农中弄虚作假

[1] 胡祗遹:《紫山大全集》卷一九《论司农司》，文渊阁四库全书电子版。

[2] 《元史》卷一八二《许有壬传》，文渊阁四库全书电子版。

[3] 许有壬:《至正集》卷七四《风宪十事·农桑文册》，文渊阁四库全书电子版。

[4] 赵汸:《东山存稿》卷二《送江浙参政契公赴司农少卿序》，文渊阁四库全书电子版。

上下相蒙的现象，言之凿凿。官员弄虚作假是为政绩，农民协助作假，因上级官员的逼迫。这些都说明检查、统计农桑成果中，普遍存在着弄虚作假现象。

以上讲的是元代劝农的弊端，其他朝代未必没有。如宋人利登《野农谣》说：

> 去年阳春二月中，
> 守令出郊亲劝农。
> 红云一道拥归骑，
> 村村镂榜粘春风。
> 行行蛇蚓字相续，
> 野农不识何由读？
> 唯闻是年秋，
> 粒颗民不收。
> 上堂对妻子，
> 炊多籴少饥号啾。
> 下堂见官吏，
> 税多输少喧征求。
> 呼官视田吏视釜，
> 官去掉头吏不顾。

内煎外迫两无计，

更以饥躯受答箠。

古来坵垄几多人，

此日孱生岂难弃！

今年二月春，

重见劝农文。

我勤自钟惰自釜，

何用官司劝我氓？

农亦不必劝，

文亦不必述，

但愿官民通有无，

莫令租吏打门叫呼疾。

或言州家一年三百六十日，

念及我农惟此日。[1]

是说，去年阳春二月，守令郊外劝农。车马仪仗，像一片红云拥护着守令，不久又回到城里。村村镂榜，张贴劝农文。行行密密，字迹潦草，野农不识字，没

---

[1] 利登：《野农谣》，见陈起编：《江湖小集》卷八二，文渊阁四库全书电子版。

法读劝农文。当年秋天颗粒无收，农民粮食不足。农夫上堂见妻子，家中人口多，粮食少，妻子儿女哭声一片。官吏催缴赋税，农夫下堂见官吏，税太多，能交税的粮食太少。请求官员去田里看收成，请吏胥看锅里煮食，官吏掉头而去。农民内外交困，无计可施。更因交不上租税，被吏胥鞭打。今年二月春，重见劝农文。农民勤劳则收获多，懒惰则收获少，哪里用得着官吏劝农？不必劝农，不必写劝农文，但愿官府能考虑农民疾苦，不要让租吏上门催租。也有人说，一年三百六十日，州家想起农民，惟有此日。劝农，只是形式主义，不能解决根本问题，农民不认可。利登《田父怨》说："黄云百亩割还空，垂老禾堂泣晚春。偿却公私能几许？贩山烧炭过残冬！"[1] 劝农，几乎成了一种节日。劝农效果小，农民不认可。这就说明官员政绩和农民利益，实际上是发生冲突的。其原因是多方面的，有官员考核制的因素，有科举考试选拔人才的问题，还有更深层的东西。

中国历史传统中，有注重礼仪的因素。仪，就是

---

[1] 利登：《田父怨》，见陈起编：《江湖小集》卷八二，文渊阁四库全书电子版。

仪式，讲究的是程式化的东西。皇帝要亲耕，设立先农坛，举行亲耕仪式。皇后要亲蚕，要举行亲蚕仪式。如清代北海，还有皇后举行亲蚕仪式的地方。皇帝可以搞形式主义，那么官员仿效皇帝，未尝不可。

三、京师利益和地方利益的矛盾

中国封建社会中，漕运东南粮食供给京师，使京师利益与江南地方利益处于巨大的矛盾中。元明清时，有五六十位江南籍官员学者都提出减少南漕、发展畿辅水利，以使京师就近解决粮食供应问题，但最高统治者根本不想解决这个巨大矛盾。

漕运东南粮食，以供应京师，始于汉初"漕转山东粟，以给中都官，岁不过数十万石。"[1]汉武帝元光六年（前129）开始"岁漕关东谷四百万斛，以给京师"[2]，这成为汉家制度，以至京师"太仓之粟陈陈相因，充溢露积于外，至腐败不可食"[3]。隋文帝、炀帝

[1]《史记》卷三〇《平准书》，中华书局1959年点校本。

[2]《汉书》卷二四上《食货志上》，中华书局1962年点校本。

[3]《史记》卷三〇《平准书》，中华书局1959年点校本。

时大力开凿运河，唐、宋、元、明、清承之。唐朝，德宗贞元初（785）漕运达到三四百万石。宋朝太平兴国六年（981）规定各河岁运定额550万石，英宗治平二年（1065）漕粟至京师近700万石。[1]金自都燕后，由河北山东漕运粮食至中都。元初漕运江南粮食，至元十九年（1282）开始海运，海运最多时达到每年300多万石。《经世大典》载："春夏分二运，至舟行风信有时，自浙西不旬日而达京师，内外官府、大小吏士，至于细民，无不仰给于此。"[2]明永乐迁都后，漕运南粮、北粮。北粮指河南、山东漕粮。南粮指南直隶，浙江、江西、湖广漕粮。成化八年（1472）确定每年"定额本色米四百万石"。[3]其中北粮75万多石，南粮324万多石。除例折外，每年实遭运正耗粮约519万石，"务不失四百万石数额"，[4]这是明朝的国家政策，并载于《明会典》，具有行政法典性质，有关官员要

---

[1] 《宋史》卷一七五《食货志上三·漕运》，中华书局1977年点校本。

[2] 《永乐大典》卷一五九四九《经世大典·漕运》，中华书局，1960年。

[3] 王在晋：《通漕类编》卷二《漕粮近额》，台湾学生书局影印明代史料丛刊。

[4] 申时行：《明会典》卷二七《户部十二·会计三·漕运·漕运总数》，中华书局，1989年。

严格执行，不许轻言改折或截留南粮，"国家漕东南之粮四百万石以实京师，此二百年定额也……不许轻言截留，每年粮运必至三百万石以上"。[1]清顺治三年（1646）征收南粮160万石，康熙时恢复到每年400万石原额，这种漕运制度一直持续到道光朝。[2]明代南粮运至京师、北边，叫京粮、边粮。京粮，由通仓和京仓分别收储。明神宗嘉靖时，"南北诸省起运之数，至京通二仓者，大约每年不过四百万石。……每年京仓二百五十九万石，通仓一百四十一万石。其各卫所官军人等，该实支米该二十三万石，除两个月折色外，京通二仓各支实米四个月，粟米一个月。此每岁出入之数也。"[3]清朝，通州有中西二仓，京师内有内仓、恩丰仓、禄米仓、南新仓、旧太仓、富新仓、兴平仓、海运仓、北新仓、太平仓、本裕仓、万安仓、储积仓、裕丰仓、益丰仓等15仓。[4]这些漕粮，专门供给京师

---

[1] 《明神宗实录》卷三七六，万历三十年九月癸未，中华书局2016年影印本。

[2] 李文治、江太新：《清代漕运》，中华书局，1995年，第45页。

[3] 陈子龙等编：《明经世文编》卷一〇六《梁端肃公奏议·议处通惠河仓疏》，中华书局，1962年。

[4] 李文治、江太新：《清代漕运》，中华书局1995年，第45页。

百官、军队和贵族。

自唐至清，一千多年间，江南漕粮占主要部分。元代官员说，"江浙税粮甲天下，平江、嘉兴、湖州三郡当江浙什六七。"[1]明朝漕粮中，南粮 324 万余石，除浙江、江西、湖广共 125 万石，南直隶约近 200 万石。这项制度约始于永乐十三年（1415），江浙税粮占五成左右，形成永久制度。载在（万历）《明会典》中。除漕粮外，苏、松、常、嘉、湖五府，每年都要供应内府并京师各官吏俸米，谓之白粮；供应两京各衙门并公侯驸马禄米，谓之禄米。白粮和两京禄米都由民运。白粮和附加税费计 90 余万石。总计，漕粮和附加税费，合计 1400 万—1500 万石。从经济角度说，这并不合算。可以说海运漕运江南粮食至京师，体现了元明清三朝统治集体的群体意识，并以法典的形成加以保证，是元明清三朝的基本国策。

汉、唐、宋时，东南地区人们还没有反对漕运的意识。元明清时，有五六十位江南官员学者论证了江南赋税之重。自唐代韩愈提出"赋出天下而江南居

---

[1] 《元史》卷一三〇《彻里传》，文渊阁四库全书电子版。

十九"[1]的论点后,元代许多江南官员学者都提出了江南赋重的问题。[2]他们认为江南赋税为天下最、吴赋又为东南最,吴赋中又以松江和长洲为重。陈旅、杨维桢、贡师泰、郑元佑都提出江南赋税重的问题。[3]但是,元代这种江南赋重意识,基本限于江南地区中下层官员或读书人中。明朝,许多江南官员学者都有江南赋税之重的意识,言谈中往往说江南赋重民贫。有些江南籍官员学者则论证了江南赋重的存在,并探究其成因,寻找解决方案。

嘉靖隆庆间,郑若曾著《论财赋之重》和《苏松浮赋议》,用《明会典》《弘治会计录》的数据证明苏松赋重。他从四方面论证"今日赋额之重,惟苏松为最"的观点。

其一,明代苏松赋额比宋元重。宋朝苏州府赋米30余万石,松江府赋米20余万石。元代苏州府多至80万石。洪武时,定天下田赋,苏州府共计280余万

---

[1] 韩愈:《韩昌黎集》卷一○《送陆歙州诗序》,文渊阁四库全书电子版。

[2] 育菁:《元代江南赋税之重》,《北京师范大学学报》1999年2期。

[3] 王培华:《元明北京建都与粮食供应》,北京出版社,2005年,第155—159页。

石，松江府共计103余万石。明代苏松赋税比宋元时增长3倍。

其二，苏松赋比湖广、福建二省重。弘治十五年，苏州税粮209万石，松江府税粮103万石；而湖广税粮216万石，福建税粮85万石，两省"每亩仅科升合"。即苏州府一府赋额，多于湖广全省的赋额；松江二县赋税，多于福建全省的赋额。

其三，同年南直隶的应天、凤阳、扬州、淮安、庐州、徽州、宁国、池州、太平、安庆、常州、镇江12府12州78县的夏秋税粮165万石，而同年实征苏松税粮数额300多万石，即使凤阳府的赋税仍比不上苏州一小县的赋税。"今日赋额之重，惟苏松为重。"[1] "天下惟东南民力最竭，而东南之民又惟有田者最苦。"[2]

其四，他又从土地亩数与税粮额数进行比较，万历六年全国垦田700多万顷，苏州府垦田9万多顷；弘治十五年全国夏秋两税共计2679万石，浙江布政司251万石，苏州府209万石，松江府103万石，常州府76万石。即苏州土地约占全国的1/77，而赋额

---

[1] 郑若曾：《郑开阳杂著》卷一一《苏松浮赋议》，文渊阁四库全书电子版。

[2] 郑若曾：《郑开阳杂著》卷一一《苏松浮赋议》，文渊阁四库全书电子版。

占全国的近 1/10。这组数字，清楚地说明了苏松常赋税之重。

清朝，有更多的江南官员学者论证江南赋重漕重问题，并且反对漕运意识更加强烈。顺治时，太仓人陆世仪说："闻之官军运粮，每米百石，例六十余石到京，则官又有三十余石之耗。是民间出来百石，朝廷止收六十石之用也。朝廷岁清江南四百万石，而江南则岁出一千四百万石，四百万石未必尽归朝廷，而一千万石常供官旗及诸色蠹恶之口腹，其为痛苦可胜道邪"。[1] 由于制度弊端和自然条件的因素，明清每年清运四百万石，江南清运费用在一千万石以上，这是江南赋重的根本原因之一。

康熙时，王夫之说，自唐朝以来，"朝廷既以为外府"，即京师依赖江南赋税的制度，大体实行了一千多年，这造成了两个客观结果，一方面是江南赋重民贫，另一方面是西北因坐食江南而日益荒废，"自唐以上，财赋所自出，皆取之豫、兖、冀、雍而已足，未尝求于江淮也"，自第五琦后，"人视江淮唯腴土，

---

[1] 陆世仪:《漕兑揭》，见贺长龄辑:《清经世文编》卷四六《户政二十一·漕运上》，中华书局，1992 年。

刘晏因之辇东南以供西北，东南之民力弹焉，垂及千年而未得稍纾"。[1] 王夫之追溯了江南重赋与西北仰食东南的财政决策渊源、失误及其后果，即由于南北区域经济的不平衡发展，以及具体的政策失误，使京师仰给东南，由此又造成了新的不平衡，即江南重赋与西北坐食，比较完整地体现了江南官员学者关于江南赋税之重与西北坐食荒废的看法，代表了自元中后期至清初江南官员学者对江南与西北两大区域经济社会发展不平衡认识的总成就。其所说西北包括今天的西北和华北，东南指今天长江流域广大地区。

雍正（1723—1735）时，蓝鼎元说："京师民食专资漕运，每岁转输东南漕米数百万石，……但山东、北直运河水小，输挽维艰，……为力甚劳而为费甚巨，大抵一石至京，靡十石之费不止。"[2]

道光三年（1823），由于畿辅大水，运道梗阻，京师粮食供应不足引发恐慌，朝野人士无不言漕运、谈水利。林则徐说："国家建都在北，转漕自南，京仓一

---

[1] 王夫之：《读通鉴论》卷二三《唐肃宗三》，中华书局1975年点校本。

[2] 蓝鼎元：《漕粮兼资海运疏》，见贺长龄辑：《清经世文编》卷四八《户政二十三·漕运下》。

石之储，常靡数石之费。"[1] 道光十五年（1835），包世臣注重分析漕运弊端，"民困、官困、丁困，皆至于不可复加"[2] 道光二十六年（1846），包世臣又说："漕运者米，而费用皆银。"银荒又加剧了漕运费用。[3]

咸丰时，冯桂芬分析漕运弊端：乾隆以前，清漕无弊。嘉庆以后，帮费无艺。至每石二两外，白粮三两外，于是帮官穷泰极侈，提闸之费，一处或至五十金。[4] 咸丰十一年（1861），冯桂芬《校邠庐抗议》成书，他说，八旗兵丁不习惯食来，他们领取漕米后，以米易钱，一石米只换取银钱一两多，再购买北方杂粮。但南漕的运输费用则是"南漕每石费十八金"。这十八两银的费用，包括哪些项目呢？"浮收也（帮费或海运经费皆在内），漕项也（给丁苦盖各费在内），漕项之浮收也，给丁耗米、行月米、五米贴运米、给还米

[1] 林则徐：《畿辅水利议·序》，光绪丙子三山林氏刊本。

[2] 包世臣：《安吴四种·中衢一勺》卷七上《畿辅开屯以救漕弊议》，清光绪十四年刻本。

[3] 包世臣：《答桂苏州第一书》，见葛士濬辑：《皇朝经世文续编》卷四八《户政二十·漕运中》，上海图书集成局清光绪十四年铅印本。

[4] 冯桂芬：《致曾相侯书》，见葛士濬辑：《皇朝经世文续编》卷四八《户政二十·漕运中》，上海图书集成局清光绪十四年铅印本。

等也，缮军田租子也，漕河工费也，漕督粮道以下员弁兵丁公私费用也。"所以他感叹："南漕自耕收、征呼、驳运，经时累月数千里，竭多少膏脂，招多少蟊蠹，冒多少艰难险阻，仅而得达京仓者，其归宿为每石易银一两之用，此可为长太息者也。"[1]冯桂芬对漕运费用的分析，可谓切中漕运弊端之要害。他提出发展畿辅水利，南漕改折，以银钱市米、海运南粮等主张。

自道光（道光元年，1821）以来，江南督抚如陶澍、林则徐、曾国藩、李鸿章都曾请求减轻江南浮赋。苏松太"漕粮之额，十倍他省，重以水利不修，十收九歉，野无盖藏。嘉庆季年，帮费无艺，白粮至石二金，州县借口厚敛，辄征三四石当一石。民不堪命，听之则激变，禁之则误兑。进退无善策。"道光十三年（1833），江苏巡抚林则徐陈述江苏钱漕之重，水灾之苦，坚请缓征一二分者，甚者三四分，得到允许。岁以为常。[2]

同治元年冯桂芬加入李鸿章幕府，同治二年（1863）五月十二日，冯桂芬代李鸿章拟稿《请减苏、松、

---

[1] 冯桂芬：《校邠庐抗议》上篇《折南漕议》，中州古籍出版社，1998年，第127页。

[2] 冯桂芬：《显志堂集》卷三《林文忠公祠记》，清光绪刻本。

太浮粮疏》上奏朝廷：

今天下之不平不均者，莫如苏松太浮赋。上溯之，则比元多三倍，北宋多七倍。旁证之，则比毗连之常州多三倍，比同省之镇江等府多四五倍，比他省多一二十倍不等。以肥硗而论，则江苏熟不如湖广江西之再熟。以宽窄而论，则二百四十步为亩，有缩无赢，不如他省或以三百六十步、五百四十步为亩。而赋额独重者，则由于沿袭前代官田租额也。

夫官田亦未尝无例矣。伏查《大清户律》载，官田起科每亩五升三合五勺，民田每亩三升三合五勺，重租田每亩八升五合五勺，没官田每亩一斗二升，是官田亦有通额，独江苏则不然。……今苏州府长洲等县，每亩科平斛三斗七升以次不等，折实粳米多者，几及二斗，少者一斗五六升，远过乎《律》载官田之数。此苏松太种赋之源流。自明以来，行之五百年不改。……前明及国初赋额虽重，大都逋欠准折，有名无实而已。嗣是，承平百余年，海内殷富，为旷古所罕有，江苏尤东南大都会，……故自乾隆中年以后，办全漕者数十年。无他，民富故也。惟是末富非本富，易盛亦易衰。至道光癸未（三年）大水，元气顿耗，商利减而农利从之，于是民渐自富而之贫，然犹勉强支吾者十年，迨癸巳（十三年）大水而后，始无岁不荒，无县不缓。

他根据道光十一年（1831）至咸丰十年（1860）这三十年中的实际起运漕粮数，请求"每年起运交仓漕白、正、耗米一百万石以下，九十万石以上，著为定额，南米丁漕，照例减成。即以此开征之年为始，永远遵行，不准更有垫完民歉名目。"[1]李鸿章的奏请，五月二十四日得到允许[2]。吴大澂说"减漕之举，文忠导之于前，公与曾、李二公成之于后"。[3]冯桂芬参与了同治二年苏松太减赋事件。这一事件，对苏松影响甚巨。光绪二年，俞越说："一减三吴之浮赋，四百年来

---

[1]　冯桂芬：《显志堂集》卷九《请减苏、松、太浮粮疏》（代李鸿章作），清光绪刻本。

[2]　冯桂芬：《显志堂集》卷四《江苏减赋记》，清光绪刻本。

[3]　冯桂芬：《显志堂集》卷首《吴大澂光绪三年春正月〈序〉》，清光绪刻本。

积重难返之弊，一朝而除，为东南无疆之福。"[1]

回顾汉、隋、唐、宋、金、元、明、清漕运的历史，元明清南方人反对漕运的思想历程，以及清朝道光、咸丰、同治以来，江南督抚如陶澍、林则徐、曾国藩、李鸿章等致力于江南减赋的过程，可以看出，漕运所体现的矛盾，除了有黄河、卫河、泉水与运河等自然要素之间的矛盾、漕运制度与自然要素之间的矛盾外，还有一个重要矛盾就是京师与江南的矛盾。

有论者说，解决农民问题的根本之道，是使农村城镇化，使农民市民化，从事工业和服务业，减少农民的数量，使我国农业水平达到美国、日本、韩国或澳大利亚的水平。但是，如果粮食完全依靠进口，就不能保障我国粮食安全和政治安全。如果我国粮食、工业原材料等受制于外国，我国变成一个工业基地，工业造成的环境问题等就会更加严重。因此，城市化是解决三农问题的方法之一，但不是唯一方法。因为现有城市中的许多问题还没有解决，再增加无数的城市，就能解决这些新增城市的问题吗？

---

[1] 冯桂芬：《显志堂集》卷首《俞樾光绪二年〈序〉》，清光绪刻本。

元明清江南官员学者开发西北水利的思想与实践

　　元明清时期，江南籍官员学者提出开发西北水利的思想并有所实践。这里所说的西北，指黄河流域及其以北地区，包括今京、津、冀、鲁、豫、陕、甘、宁以及苏皖北部、内蒙古南部、辽宁西南部，与今日的西北范围有交叉。他们认为，国家建都北京，却依靠漕运和海运江南粮食，使江南赋重民困，而北方和西北广大地区地利不尽、水利不修，东南之重困由于西北之坐食。为了缓解对东南的粮食压力，他们提出发展西北水利的思想主张，但由于北方官员的反对而没有实现。以往的研究叙述了明清西北水利的过程和结果，这里则提出并致力于解决下列问题：为什么是江南官员学者而不是北方官员学者提倡西北水利？他们的西北水利思想是什么？为什么一开始元文宗不接受江南官员的西北水利建议，到元顺帝时才接受这种意见？为什么明朝北方官员极力反对西北水利？对今日的西部开发有什么启示？

一、江南官员学者为何倡导西北水利

元明清时期讲究西北水利者，以江南官员学者为主：虞集是临川人，郑元祐是处州遂昌人，吴师道是婺州兰溪人，陈基是临海人，丘浚是琼崖人，归有光是昆山人，徐贞明是贵溪人，冯应京是盱眙人，汪应蛟是婺源人，左光斗是桐城人，董应举是闽县人，徐光启是上海人，方贡岳是襄西人，陈子龙是华亭人，张溥是太仓人，顾炎武是昆山人，许承宣是广陵人，柴潮生是浙江仁和人，林则徐是闽侯人，包世臣是泾县人……这是为什么？

江南官员学者不满意海运和漕运使江南赋重民困。元明清定鼎北京，依赖海运和漕运江南粮食供应京师的皇室、百官、军队。明初史臣论元代海运说："盖至于京师者，一岁多至三百万余石，民无挽输之劳，国有储蓄之富,岂非一代之良法欤?"[1]但海运却使江南三省民力衰竭:"水旱相仍,公私俱困,疲三省民力,以充岁运之数,而押运监临之官,与夫司出纳之吏,恣为贪黩……兼以风涛不测,剽劫覆亡之患,自仍改至元之后,有不可胜言者矣。"[2]指出了海运的弊端。事实上,元代江南官员学者早就不满意海运使江南赋重民困,元仁宗延祐年间(1314)虞集说:"海运之实京师,祖宗万世之长策也,然东南之民力竭矣。"[3]同时,陈旅说:"东南民力竭矣,而一省所上土赋,恒居天下十之六七。"[4]元顺帝后至元年间(1335—1340),郑元祐说:"国家疆理际天地,粮穰之富,吴独赋天下十之五,而长洲县又独擅吴赋四之一"[5];"长洲……秋输粮夏输丝也,粮以石计至三十有万,丝以两计至

---

[1] 《元史》卷九三《食货志一》,中华书局 1976 点校本。

[2] 《元史》卷九七《食货志五》,中华书局 1976 点校本。

[3] 虞集:《道园学古录》卷四一《平江路总管府达鲁花赤兼管内劝农事黄头公墓碑》,台北商务印书馆影印文渊阁四库全书。

[4] 陈旅:《安雅堂集》卷五《江浙省郎中实喇卜伯温之官序》,台北商务印书馆影印文渊阁四库全书。

[5] 郑元祐:《侨吴集》卷九《长洲县儒学记》,台北商务印书馆影印文渊阁四库全书。

八万四千有奇"[1]。至正二十二年至二十五年（1362—1365）戴良说："东南民力乃多在于吴郡，吴郡所出乃多出于长洲，长洲……岁出田赋上送于官者为财五十余万。"[2]杨维祯说："江浙粮赋居天下十九，而苏一郡又居浙十五。"[3]至正十一年（1351），陈基说："吴之土不如雍州之黄壤，其田不及豫州之中土，而其赋视梁州乃在上者，……涂泥之土贡倍于黄壤，下下之田赋浮于上上。"[4]至正十九年至二十二年（1359—1362）贡师泰说："闽粤诸郡……租入之数不当东吴一县。"[5]以上分别从税额、土壤质量和各省赋税额的比较，论证了江浙赋税之重。

明朝，江南官员学者更对漕运使江南赋重民困不

[1] 郑元祐：《侨吴集》卷一一《长洲县达鲁花赤元童君遗爱碑》，台北商务印书馆影印文渊阁四库全书。

[2] 戴良：《九灵山房集》卷一〇《长洲县丞杨君去思碑》，台北商务印书馆影印文渊阁四库全书。

[3] 杨维桢：《东维子集》卷二九《送赵季文都水书吏考满诗》，台北商务印书馆影印文渊阁四库全书。

[4] 陈基：《夷白斋稿》卷一三《送丁经历序》，台北商务印书馆影印文渊阁四库全书。

[5] 贡师泰：《玩斋集》卷六《送李尚书北还序》，台北商务印书馆影印文渊阁四库全书。

满。成化时，王鏊说："今天下财赋多仰于东南而苏为甲……宋元岁数在苏者，宋三十余万石，元八十余万石。国朝几至三百万石，自古东南赋又未若今日之盛也……夫米，天下通产也，何独苏然哉？"[1] 杜宗桓说："苏松二府之民，因赋重而流离失所者多矣……变私租为官粮，乃于各仓送纳，远涉江湖，动经岁月，有二三石纳一石者，有四五石纳一石者，有遇风波盗贼者，以致累年拖欠不足。"

明朝丘濬说："浙东西又居江南十九，而苏松常嘉湖五府又居两浙十九也。[2]"嘉靖中，归有光说："东南之民始出力以给天下之用"，"以天下之大而专仰给于东南[3]。郑若曾引用万历六年（1578）天下垦田、税额数，著《论财赋之重》和《苏松浮赋议》，论证苏松二府田赋之重，说："西北之供役仰给东南"，"我国家财

---

[1] 王鏊:《姑苏志》卷一五《田赋》，台北商务印书馆影印文渊阁四库全书。

[2] 顾炎武:《日知录》卷一〇《苏松二府田赋之重》，上海商务印书馆，1924年。

[3] 归有光:《震川先生别集》卷二上《嘉靖庚子科南京乡试对策》，台北商务印书馆影印文渊阁四库全书。

赋取给东南者十倍于他处,故天下惟东南民力最竭。"[1]
总之,江南官员学者认为海运漕运使江南赋重民困,
这迫使他们寻求解决方案。发展西北水利就是他们的
方案之一。

　　南方官员学者往来南北,沿途所见,南北农业景
观迥异。他们对北方土地荒废和水利失修,感到触目
惊心。虞集说:"予北游,过江淮之间,广斥何啻千里,
海滨鱼盐之利,足备国用。污泽之潴,衍隰之接,采
拾渔弋,足以为食。岁有涨淤之积,无待于粪。盖沃
地而民力地利殊未尽。汉以来屯田之旧,虽稍葺以赡
军事,其在民间者,卤莽甚矣。麦苗之地,一锄而种之,
明年晴雨如期,则狼戾可以及众。不捍水势,则束手
待毙,散去而已。其弊在于无沟洫以时著泄,无堤防
以卫冲冒。耕之不深,耨之不易,是以北不如齐鲁桑
蚕之饶,南不及吴楚粳稻之富,非地之罪也。谁之为
地而致其治之之功?"[2]这是说江淮间没有充分发挥人

[1] 郑若曾:《江南经略》卷八下《财赋之重》,台北商务印书馆影印文
　　渊阁四库全书。
[2] 虞集:《道园学古录》卷三九《新喻萧淮仲刘字说》,台北商务印书
　　馆影印文渊阁四库全书。

力和地利的作用。约至正十年（1350）赵汸说："大河以北，水旱屡臻，流亡未复，居民鲜少。五帝三王之所井牧，燕赵齐晋梁宋鲁卫之所资以为富强，其遗墟古迹，多芜没不治，安得袞衣博带，从容阡陌间，劳来绥辑，复如中统至元时哉！"[1] 在对中统至元间地方官员劝农的向往中，表达了大河以北荒废不治的看法。至正十三年（1353），郑元祐说周秦汉唐"莫不以屯田致富强"，而"我朝起朔漠，百有余年间，未始不以农桑为急务。……中州提封万井，要必力耕以供军国之需，如之何海运既开，而昔之力耕者皆安在？此柄国者因循至于今，而悉仰东南之海运，其为计亦左矣。"[2] 表达了对自海运后西北农田水利失修的不满。

明朝丘濬说："臣于京东一带海涯，虽未及行，而尝泛漳、御而下，由白河以至潞渚，观其入海之水，最大之处，无如直沽，然其直泻入海，灌溉不多。"[3] 崇祯十一年（1638），陈子龙说："内则关陕襄邓许洛

---

[1] 赵汸：《东山存稿》卷二《送浙江参政契公赴司农少卿序》，台北商务印书馆影印文渊阁四库全书。

[2] 郑元祐：《侨吴集》卷八《送徐元度序》，台北商务印书馆影印文渊阁四库全书。

[3] 陈子龙：《明经世文编》卷七二《屯营之田》，中华书局 1962 点校版。

齐鲁，外则朔方五原云代辽西，皆耕地也。弃而荒之，专仰输挽，国何得不重困？"[1]。张溥说："即今幅员，关陕襄邓许洛齐鲁，与夫朔方五原云代辽西，其地可耕，等于东南。设仿耕植，道水利，近给京师，大省挽输，何所不赡？"[2]。他们都指出东南重困是由于西北坐食，发展西北水利才是就近解决京师以及北边粮食供应问题的途径，从而缓解对东南的粮食压力。

南方官员学者不满意大都仰食海运粮，郑元祐尤其如此。他说："京畿之大，臣民之众，梯山航海，云涌雾合，辏聚辇毂之下，开口待哺以仰海运，于今六七十年矣。"[3]"其初不过若千万，兴利之臣岁增年益，今乃至若干万，于是畿甸之民开口待哺以讫于今。……此柄国者因循至于今，而悉仰东南之海运，其为计亦左矣。"[4]"夫漕运之取诸海道，亘古所未闻，始世皇听海臣之言创法，岁每漕东南稻米，由海转饟，以达京

---

[1] 徐光启:《农政全书·凡例》，上海古籍出版社，1979 年。

[2] 徐光启:《农政全书·序》，上海古籍出版社，1979 年。

[3] 郑元祐:《侨吴集》卷一一《前海道都漕万户大名边公遗爱碑》，台北商务印书馆影印文渊阁四库全书。

[4] 郑元祐:《侨吴集》卷八《送徐元度序》，台北商务印书馆影印文渊阁四库全书。

畿。京畿，天下人所聚，岂皆裹粮以给朝暮，概仰食于海运明矣。"[1] 郑元祐"优游吴中几四十年……时玉山主人草堂文酒之会，名辈毕集，记序之作多推属焉，东吴碑碣有不贵台阁而贵所著者。"[2] 他对大都仰食海运粮的不满，实则反映了东南士人的态度。吴师道对大都坐食甚为反感："今京城之民，类皆不耕不蚕而衣食者，不惟游惰而已，作奸抵禁实多有之，而又一切仰县官转漕之粟，名为平粜，实则济之。夫其疲民力冒海险，费数斛而致一钟，顾以养此无赖之民，甚无谓也。"[3] 所著《策问》，反映了他反对京师居民不事生产的思想。《策问》对象多是出身于蒙古贵族的国子监生，吴师道要有充分根据才敢于出此《策问》。徐贞明直接把东南重赋与西北坐食联系起来："臣惟神京……食则转漕……若皆取给于东南，不可一日缺者；岂西北古称富强之地，不足以裕食而简兵乎？……西北之

[1] 郑元祐：《侨吴集》卷一一《亚中大夫海道副万户燕只哥公政绩碑》，台北商务印书馆影印文渊阁四库全书。

[2] 顾嗣立：《元诗选初集庚集》卷五二《郑元祐诗·序》，康熙甲戌秀野草堂刻本。

[3] 吴师道：《礼部集》卷一九《国学策问四十道》，台北商务印书馆影印文渊阁四库全书。

地，夙号沃壤，皆可耕而食也，惟因水利不修，则旱涝无备。旱涝无备，则田地日荒。遂使千里沃壤，莽然弥望，徒枵腹以待江南，非策之全也。"[1] 反映了他提倡西北水利之目的所在。

综上，江南官员学者提倡西北水利的真正目的是使首都及北方就近解决粮食供应问题，以缓解对东南的压力。江南赋重，是因为京师仰食海运和漕运粮食，北方没有发挥人力和地利作用，大量土地荒废不治，水利失修。为缓解对东南的漕粮压力，必须就近解决京师及北边军队粮食供应问题，发展西北水利是重要途径。故徐贞明说："惟西北有一石之入，则东南省数石之输，所入渐富，则所省渐多，先则改折之法可行，久则蠲租之诏可下，东南民力庶几获苏。[2]

二、西北水利思想的发展演变

西北水利的创议者是元代虞集。泰定（1324—

---

[1] 徐光启：《农政全书》卷一二引《徐贞明〈请亟修水利以预储蓄疏〉》，上海古籍出版社。

[2] 徐贞明：《潞水客谈》，中华书局，1985 年。

1328）年间，虞集首倡发展西北水利。在礼部会试策问中，他首先回顾大禹治水和秦蜀以及汉唐循吏兴修水利的历史，然后说道："今畿辅东南，河间诸郡，地势下，春及雨霖，辄成沮洳。关陕之郊，土多燥刚不宜于种。河南北平衍广袤，旱则赤地千里，水溢则无所归……然思所以永相民业，以称旨意者，岂无其策乎？五行之才，水居其一，善用之，则灌溉之利，瘠土为饶。不善用之，则泛滥填淤，湛渍啮食。兹欲讲求利病，使畿辅诸郡，岁无垫溺之患，悉而乐耕桑之业，其疏通之术何先？使关陕、河南北，高亢不干，而下田不浸，其潴防决引之法何在？江淮之交，陂塘之际，古有而今废者，何道可复？"[1]虞集表达了应该恢复并发展西北水利的思想，后来，因其符合"有系于政治、有补于世教"的标准，[2]被编入《国朝文类》，得到广泛传播。其后，虞集多次在不同场合提倡发展西北水利。[3]如经筵之余，他对泰定帝说："京师之东濒海数千里，北极辽海，南滨青齐，萑苇之场也。海潮日至，淤为

---

[1] 苏天爵：《元文类》卷四六《会试策问》，商务印书馆，1985 年。

[2] 苏天爵：《元文类·陈履〈序〉》，商务印书馆，1985 年。

[3] 王培华：《虞集与元明清西北水利》，《文史知识》1999 年第 8 期。

沃壤。用浙人之法，筑堤捍水为田。[1]至顺三年（1332）宋本说，北方水利，"豪杰之意有作以兴废补敝者，恒慨惜之。"[2]从当时两人交往看，宋氏所说"豪杰"极可能指虞集。这说明虞集的西北水利思想得到北方官员的理解。

明朝，有更多的江南官员学者继承虞集的思想，倡导发展西北水利。成化时，丘濬说："乞将虞集此策敕下廷臣计议，特委有心计大臣……先行闽浙滨海州县筑堤捍海去处，起取士民之知田事者，前来从行相视可否，讲究利害，处置既定，然后……一如虞集之策。……请于（直沽）将尽之地，依《禹贡》逆河法，截断河流，横开长河一带，收其流而分其水，然后于沮洳尽处，筑为长堤，随处各为水门，以司启闭，外以截碱水，俾其不得入，内以泄淡水，俾其不至漫流，如此，则田可成矣。"[3]嘉靖十九年（1540），归有光在乡试对策中提出西北之齐鲁、关中、两河、朔方、河西、酒泉等地，"宜少仿古匠人沟洫之法，募江南无田之

---

[1] 《元史》卷一八一《虞集传》，中华书局，1976年。

[2] 苏天爵：《元文类》卷三一《都水监记事》，商务印书馆，1985年。

[3] 陈子龙：《明经世文编》卷七二《屯营之田》，中华书局，1962年。

民以业之……不但可兴西北之利，而东南之运亦少省矣"[1]，提倡在北方恢复古代的沟洫农业。

徐贞明，万历三年（1575）为工科给事中，上疏请兴西北水利："陕西、河南，故渠废堰，在在有之；山东诸泉，引之率可成田。而畿辅诸郡，或支河所经，或涧泉自出，皆足以资灌溉。……顺天、真定、河间诸郡，桑麻之区，半为沮洳。……永平、滦洲，抵沧州庆云，地皆萑苇，土实膏腴。……若仿（虞）集意，招徕南人，俾之耕艺，北起辽海，南滨青齐，皆良田也。宜特简宪臣，假以事权，务阻浮议，需以岁月，不取近功。或抚穷民而给其牛种，或任富室而缓其征科，或选择健卒分建屯营，或招抚南人许其占籍，俟有成绩，次及河南山东陕西。"后来他坐事贬太平知府，经潞河南下，"终以前议可行，乃著《潞水客谈》以毕其说。"[2] 该书进一步论证了兴修西北水利的必要性、可行性，以及具体方法步聚，是西北水利思想方面的重要著作。

---

[1] 归有光：《震川先生别集》卷二上《嘉靖庚子科乡试对策》，商务印书馆影印文渊阁四库全书。

[2] 《明史》卷二二三《徐贞明传》，中华书局1974点校本。

冯应京，在万历二十八年至三十二年（1600—1604）于狱中著成《皇明经世实用编》，历引明太祖以来重农实绩，发挥虞集、徐贞明的西北水利思想："（北京）仓廪无二年之蓄，（江北）水旱有不时之忧，而三辅率成沮洳，在在可耕可凿"，"顷者征缮日烦，茧丝遍天下。……臣请言调治之方，则无如重农矣。"[1]徐光启回忆说："公出狱，余晤之，未及劳苦，辄道此数语甚切。又亟与余索江南农师，以治江北之田。仁人之言哉！"[2]正如徐光启所说，冯应京是提倡发展西北水利的仁人志士。

汪应蛟，万历二十九年（1601）为天津登莱等处海防巡抚，请广兴直隶水利："臣境内诸川，易水可以溉金台，滹水可以溉恒山，唐水可以溉中山，滏水可以溉襄国。漳水来自邺下，西门豹尝用之。瀛海当诸河下流，视江南泽国不异。其他山下之泉，地中之水，所在而有，咸得以溉田。请通渠筑防，量发军夫，一准南方水田之法行之。"[3]

---

[1] 徐光启：《农政全书》卷三《国朝重农考》，上海古籍出版社，1979 年。
[2] 徐光启：《农政全书》卷三《国朝重农考》，上海古籍出版社，1979 年。
[3] 《明史》卷二四一《汪应蛟传》，中华书局 1974 点校本。

左光斗，天启元年（1621）出理屯田，说："北人不知水利，一年而地荒，二年而民徙，三年而地而民尽矣。今欲使旱不为灾，涝不为害，惟有兴水利一法。"他提出因天时地利人和、浚川引流、设坝建闸、筑塘设陂、相地招徕、择人择将、兵屯力田、富民拜爵等十四条发展西北水利的具体建议。[1]

徐光启，万历四十一年（1613）以后经常在天津讲求西北水利。崇祯三年（1630）徐光启上疏："京东水田之议，始于元之虞集，万历间尚宝卿、徐贞明踵成之，今良、涿水田，犹其遗泽也。臣广其说，为各省直概行垦荒之议；又通其说，为旱田用水之说。然以官爵招致狭乡之人，自输财力，不烦官帑，则集之策不可易也。"[2] 徐光启发展了旱田用水理论。后来他在《农政全书》中提出"东南水利"与"西北水利"。崇祯三年，陈子龙等编辑刊刻《农政全书》，在《凡例》中叙述了西北水利的具体步骤："水利莫急于西北，以其久废也；西北莫先于京东，以其事易兴而近于京畿也。其议始于元虞集，而徐孺东先生《潞水客谈》备矣。

---

[1]《明史》卷二四四《左光斗传》，中华书局 1974 点校本。

[2] 徐光启：《农政全书》卷九《农事》，上海古籍出版社，1979 年。

玄扈先生尝试于天津三年，大获其利，会有尼之者而止。此已谈之成效。谋国者，其举而措之。"表达了对西北水利的关切。他们都对虞集和徐贞明表示敬意。

清朝康熙时，许承宣著《西北水利议》，发展了虞集和徐贞明的西北水利思想与具体方法。雍正时畿辅水利的成功，鼓舞了江南官员学者。乾隆八年（1743），天津、河间二府大旱；九年，山西道监察御史柴潮生，上疏请兴修直隶水利。他批评了对北方水利的种种责难，说道："天津、河间二府经流之大河有三：曰卫河，曰滹沱河，曰漳河。其余河间分水之支河十有一，潴水之淀泊十有七，蓄水之渠三；天津分水之支河十有三，潴水之淀泊十有四，受水之沽六，水道至多。向若河渠深广，蓄泄有方，旱岁不能全收灌溉之利，亦可得半。既不然，而平日之蓄积亦可支持数月，以需大泽之至，何至抛田弃宅，挈子携妻，流离道路哉？水利之废，即此可知矣。……臣固以为徒费之于赈恤，不如大发帑金，遴选大臣经理畿辅水利，俾以济饥民、消旱潦，且转贫乏之区为富饶。……今日生齿日繁，民食渐绌。臣愚以为尽兴西北之水田，辟东南之荒地，则米价自然平减。但事体至大，请先以直隶为端，行之有效，次第举行。"[1]道光时，林则徐著《畿辅水利议》，提出开发畿辅水利的具体规划；包世臣著《论西北水利》，论证开发西北水利的重要性。从上述可见，元明清时期江南官员学者一直都在倡导发展西北水利。

三、西北水利实践的成效与遗憾

元代泰定帝对虞集提出的西北水利创议，开始时"议定于中"，但遇到反对意见时"事遂寝"。[2]天历二年（1329）关中大饥，文宗"问虞集何以救关中"，虞集答：大灾之后，土广民稀，正可治沟洫畎亩之法，招其流亡，劝以树艺，数年之间，复其田租力役，久之，远者渐归，封域渐正，守望相济，风俗日成。文宗称善。[3]虞集请求："幸假臣一郡，试以此法行之，三五年间，必有以报朝廷者。"左右大臣言虞集此举是欲辞官，文宗遂罢其议。[4]至顺元年（1330），虞集感到"无

---

[1] 《清史稿》卷九三《柴潮生传》，中华书局，1977 年。

[2] 《元史》卷一八一《虞集传》，中华书局 1976 点校本。

[3] 欧阳玄：《圭斋文集》卷九《虞雍公神道碑》，台北商务印书馆影印文渊阁四库全书。

[4] 王培华：《虞集与元明清西北水利》，《文史知识》1998 年第 8 期。

益时政"，辞官，文宗说："卿等其悉所学，以辅朕志。若军国机务，自有省台院任之，非卿等责也，其勿复辞。"[1]宣布不许他议论时政。在元文宗粉饰文治的政治中，江南官员只是备员而已，他们的任何有关国计民生的建议，都不可能引起最高统治集团核心层的重视。至正十二年（1352），海运不通，脱脱建议开展京畿农田水利；十三年，正式开展京畿屯田，召募两千江南农师北上。[2]此时，虞集已去世五年，江南学者把西北水利的希望寄托在江南农师身上，郑元祐很伤感："余老矣，尚庶乎其或见之。"[3]陈基则对西北水利前景相当乐观："驱游食之民转而归之农，使各自食其力，变泻卤为稻粱，收干戈为耒耜……将见漳水之利不专于邺，泾水之功不私于雍。"他相信西北水利成功后，"将见中土之粟，又百倍东南矣。岁可省夏运若干万，分饷淮楚，因时变通，以攒漕运，此千

---

[1]《元史》卷一八一《虞集传》，中华书局 1976 年点校本。

[2]《元史》卷一三八《脱脱传》，中华书局 1976 年点校本。

[3] 郑元祐：《侨吴集》卷八《送徐元度序》，台北商务印书馆影印文渊阁四库全书。

载一时。"[1] 开发当年,得谷二十余万石。[2] 但元代大势已去,无救其亡。

明朝万历、天启、崇祯时,西北水利设想在北京附近时兴时废。徐贞明《潞水客谈》受到一些官员赞同并有所实践:"谭伦见而美之,曰:'我历塞上久,知其必可行也。'"已而顺天巡抚张国彦、副使顾养谦行之蓟州、永平、丰润、玉田,皆有成效。[3] 万历十三年(1585),徐贞明还朝,内阁首辅申时行"缘尚宝卿徐贞明议,请开畿内水田,"[4] "御史苏赞、徐待力言其说可行,而给事中王敬民又特疏论荐……户部尚书毕锵等力赞之",朝廷"命贞明兼监察御史领垦田使",贞明"躬历京东州县,相原隰,度土宜,周览水泉分合……贞明先诣永平,募南人为倡。至明年二月,已垦至三万九千余亩。[5] 万历二十九年(1601),天津登莱等处海防巡抚汪应蛟"见葛沽、白塘诸田尽为污

---

[1] 陈基:《夷白斋稿》卷一七《送强彦粟北上诗序》,台北商务印书馆影印文渊阁四库全书。

[2] 《元史》卷一八七《乌古孙良桢传》,中华书局 1976 年点校本。

[3] 《明史》卷二二三《徐贞明传》,中华书局 1974 年点校本。

[4] 《明史》卷二一八《申时行传》,中华书局 1974 年点校本。

[5] 《明史》卷二二三《徐贞明传》,中华书局 1974 年点校本。

莱，询之土人，咸言斥卤不可耕，应蛟念地无水则碱，得水则润，若营作水田，当必有利。乃募民垦田五千亩，为水田者十之四，亩收至四五石，田利大兴"。他在保定组织垦田七千顷，每顷得谷三百石。后来他请广兴直隶水利，但卒不能行。[1] 天启后，京东水利时见成功。天启元年（1621），左光斗提出发展京东水利，"其法犁然具备，诏悉允行。水利大兴，北人始知艺稻。邹元标尝曰：'三十年前，都人不知稻草何物，今所在皆稻，种水田利也'。"[2] 稍后，董应举受命经理天津至山海屯务，用公帑六千买民田十二万亩，合闲田凡十八万亩，召募安置在顺天、永平、河间、保定的辽人，给工廪田器牛种，浚渠筑堤，教之种稻，"费两万六千，而所收黍麦谷五万五千余石"。[3] 崇祯十二年（1639）李继贞继任天津巡抚，经理屯田，"白塘葛沽数十里间，田大熟"。[4]

令人遗憾的是，明朝西北水利只限于京东，也没

---

[1] 《明史》卷二四一《汪应蛟传》，中华书局 1974 年点校本。

[2] 《明史》卷二四四《左光斗传》，中华书局 1974 年点校本。

[3] 《明史》卷二四二《董应举传》，中华书局 1974 年点校本。

[4] 《明史》卷二四八《李继贞传》，中华书局 1974 年点校本。

有得到充分发展。如徐贞明主持京东水田事业半途而废，其根本原因是明朝占有大量荒地的官员和宦官（大多是北方人），为避免像江南人那样纳税，就阻挠西北水利的实行。万历十四年（1586）二月，徐贞明"遍历诸河，穷源竟委，将大行疏浚"，"奄人勋戚之占闲田为业者，恐水田兴而已失其利也，争言不便，为蜚语闻于帝，帝惑之……御史王之栋，畿辅人也，遂言水田必不可行，且陈开滹沱不便者十二。"[1]"北人官京师者，倡言水田既成，则必仿江南起税，是嫁祸也，乃从中挠之。御史王之栋疏请罢役，而中官在上左右者多北人，争言水田不便，上意已动。"[2]首辅申时行对神宗说，"垦田兴利谓之害民，议甚舛。顾为此说者，其故有二：北方民游惰好闲，惮于力作，水田有耕耨之劳，胼胝之苦，不便一也。贵势之家侵占甚多，不待耕作，坐收芦苇薪刍之利；若开垦成田，归于业户，隶有有司，则己利尽失，不便二也。然以国家大计较之，不便者小，而便者大。惟在斟酌地势，体察

---

[1] 《明史》卷二二三《徐贞明传》，中华书局 1974 年点校本。

[2] 于敏中：《日下旧闻考》卷五《赐闲堂杂记》，北京古籍出版社，1985 年。

人情，沙碱不必尽开，黍麦无烦改作，应用夫役，必官募之，不拂民情，不失地利，乃谋国长策耳"，[1]且"工部议之栋疏，亦如阁臣言"。但是神宗已经听信王之栋，欲追罪徐贞明，用阁臣言而止，于是"贞明得以无罪，而水田事终罢"。[2]西北水利触动占有大量荒地的北方大官僚、宦官的利益，而被迫停止。徐光启的西北水利实践也因"尼之者而止"，恐怕出于同样原因。明亡后，顾炎武在西北垦荒开发水利："近则贷资本，于燕门之北、五台之东，应募垦荒。同事者二十余人，辟草莱，披荆棘，而立室庐于彼。然其地苦寒特甚。……彼地有水而不能用，当事者遣人到南方，求能造水车、水碾、水磨之人，与夫能出资以耕者。"[3]把西北水利视为恢复故国的基础。

明朝西北水利的中途而废，使江南官员学者很失望，归有光之子归子宁说："乃今西北之水田既废已久，而惟仰给东南之一隅，假使一旦有梗，其弊有不可言者……夫使治西北而能不赖于东南，治东南而不必倍

---

[1] 《明史》卷八八《河渠志六》，中华书局 1974 年点校本。

[2] 《明史》卷二二三《徐贞明传》，中华书局 1974 年点校本。

[3] 顾炎武：《顾亭林诗文集》卷六《与潘次耕》，中华书局，1983 年。

加输挽之费于西北，则犹一人之身而荣卫贯通矣……子宁每怀杞人之忧"[1]。徐光启更感到痛心："西北之水一开浚，遂可无患而为利。大要浚上流入淀，浚下流入海而已。余尝为有司及乡缙绅言之以为然，而当事者不知此，遂中止。""富教先劳，亦私议于车尘马足之间而已，痛哉！可为恸苦者也。"[2]李自成起义后，方贡岳说："在数十年之前，行文定公之法，东起辽东，西尽甘凉，因地势而相土宜，分军垦种，凿沟堑，远烽堠，九边岁有蓄积，皆成雄镇，何至胡马陆梁？"[3]对徐光启的西北水利设想没有实现感到无限遗憾。

延至清朝，江南籍官员学者的西北水利建议，没有被采纳，其原因有多种，这里只提出两种。其一，他们的西北水利需大规模地利用地表径流的水利。此时期，北方干旱日益严重，缺乏地表水源，康熙至乾隆时，陕、晋、冀、鲁、豫的个体农民，纷起凿井灌田，利用地下水的井灌得到发展[4]；晋、冀私人水利出现较

[1] 归有光：《三吴水利录》卷四《归子宁论东南水利复沈广文》，商务印书馆，1930年。

[2] 徐光启：《农政全书》卷三《农本》，上海古籍出版社，1979年。

[3] 徐光启：《农政全书》，平露堂本《原序》，上海古籍出版社，1979年。

[4] 张芳：《明清农田水利研究》，中国农业科技出版社，1998年。

多，北方大型水利工程，只有直隶比明朝增加。[1] 其二，漕粮征收制度和运输制度的变化。道光六年（1826）和二十八年（1848）两度试行海运，节省运输、治河、造船、过关闸以及运夫行粮月粮等费用。咸丰三年（1853）太平军攻占长江流域，运道梗阻，湘、鄂、赣、皖、豫等五省实行改折减赋，征实减少。同治四年（1865）后各省漕粮按石折收银两，解交户部，成为定制。光绪二十七年（1901）江、浙、鲁正式停止征漕。东北农业的发展使得粮食贸易活跃，[2] 京师粮食无须依赖江南。因此西北水利思想的基本条件不复存在。

总之，元明清江南官员学者的西北水利思想，其实质是江南人对东南和西北两大区域经济发展与赋税负担不均问题提出的解决方案之一，它涉及了区域经济持续发展与生态环境变迁问题。今日无须漕运江南粮食，但西北生态与经济社会发展落后的状况越来越严重；西部开发，尤其是生态建设成为发展的重要领域。江泽民指出："历史遗留下来的这种恶劣的生态环

---

[1] 冀朝鼎：《中国历史上的基本经济区与水利事业的发展》，中国社会科学出版社，1981年。

[2] 李文治、江太新：《清代漕运》，中华书局，1995年。

境，要靠我们发挥社会主义制度的优越性，发扬艰苦创业的精神，齐心协力地大抓植树造林，绿化荒漠，建设生态农业去加以根本的改观。经过一代一代人长期地持续地奋斗，再造一个山川秀美的西北地区，应该是可以实现的。[1] 批示指出了今日西北生态环境恶劣是历史遗留产物。尽管历史上江南官员学者的西北水利思想包括改善生态状况的思想，由于社会条件限制而没有实现；但是关于发展经济时要注重增加人民蓄积、兴修水利时要在田间渠岸种植榆柳枣栗、召募江南富民到西北兴修水利、治理黄河水患与开发农田水利相结合等，对今日西部开发仍有参考价值。

2019 年 2 月 1 日出版的《求是》杂志第 3 期发表中共中央总书记、国家主席、中央军委主席习近平的重要文章《推动我国生态文明建设迈上新台阶》。文章强调，新时代推进生态文明建设，必须坚持好以下原则：一是坚持人与自然和谐共生；二是绿水青山就是金山银山；三是良好生态环境是最普惠的民生福祉；四是山水林田湖草是生命共同体；五是用最严格制度

---

[1]　姜春云：《关于陕北地区治理水土流失建设生态农业的报告》，《光明日报》1997 年 9 月 2 日。

最严密法治保护生态环境；六是共谋全球生态文明建设。坚决打好污染防治攻坚战，要加快构建生态文明体系，全面推动绿色发展，把解决突出生态环境问题作为民生优先领域，有效防范生态环境风险，加快推进生态文明体制改革落地见效，提高环境治理水平。

在当前时期，无论是政府、公民个人，都应理性认识山水林田湖草生命共同体关系，合理用水，节约用水，促进水资源的可持续利用，担负起生态文明建设的政治责任，全面贯彻落实党中央决策部署，为全面建成小康社会、开创美丽中国建设新局面而努力奋斗。历史上，江南官员学者倡导发展西北水利，包括改善生态状况的思想，由于社会条件限制而没有实现；但是，他们关于发展经济时要注重增加人民蓄积、兴修水利时要在田间渠岸种植榆柳枣栗、召募江南富民到西北兴修水利、治理黄河水患与开发农田水利相结合等，对今日西部开发仍有参考价值。

水利与中国历史特点

一、水旱对中国历史的影响

中国文明的发展与水有很大关系，但是由于中国处于欧亚大陆性季风气候区及西北高东南低的地理形势，历史发展的水环境条件很不利。早在西周，河水断流就成为影响国家命运的因素之一，引起史家重视。《国语·周语》载周幽王二年（前780）西周三川皆震，西周史官伯阳甫说："周将亡矣。……夫水土演而民用也。土无所演，民乏财用，不亡何待？昔伊洛竭而夏亡，河竭而商亡。今周德若二代之季也，其川原又塞，塞必竭。……若国亡不过十年"，结果"是岁也，三川竭，岐山崩"。古气候学、灾害学和历史学都证实了夏商周的长期干旱问题[1]，旱灾加上地震，无疑会对国家命运有重大影响。伯阳甫总结了水土物质因素的演化及其对夏商周国家命运的影响。事实证明伯阳甫看法的可信。国家衰亡是种种复杂的社会问题所致，但是注意到断流对国家命运的影响，毕竟是看到了物质因素即水土及其变化，对历史发展的影响。明清时期的河竭比西周年更严重："水日干而土日积，山泽之气不通，又焉得而无水旱乎？……自乾时著于齐人，枯济征于王莽。古之通津巨渎，今日多为细流，而中原之田，夏旱秋潦，年年告病矣"[2]，顾炎武也感受到河竭对农业的威胁。

水的时空分配不均衡，冬春少雨干旱，夏秋多暴雨，黄河流域和西北是干旱最严重地区，从公元前206年到1949年的两千多年间，较大的洪水灾害1092次，较大旱灾有1056次，水旱都是平均两年一次。史学家重视自然灾害问题，在正史《五行志》和典制

---

[1] 中国灾害防御协会、国家地震局震害防御司编：《中国减灾重大问题研究》，地震出版社，1992年，第76页。孙达人：《中国农民变迁论》，中央编译出版社，1996年，第53—61页。

[2] 顾炎武：《日知录》卷一二《水利》，上海古籍出版社，2012年。

史如《通考》《续通考》等书中记录了水旱灾害及其影响。需要指出，《汉书·五行志》以"五事"得失解释自然现象的天人感应论，影响近千年的正史《五行志》。但自从欧阳修《新唐书·五行志》树立"著其灾异削其事应"的著述原则后，《宋史》《元史》《明史》之《五行志》均遵而未改，摒弃以"五事"说灾异的弊病，集中记录水旱灾害，以及稼穑不成、损田、水竭首种不入、坏民庐舍等问题，注意到水旱灾害对农业生产和人民生产生活的影响。

明朝江南官员学者认识到西北干旱的危害，并提出发展西北水利和荒政主张。万历时，徐贞明著《潞水客谈》说"西北之地，旱则赤地千里，涝潦则洪流万顷"，他对"寄命于天，以幸其雨阳若时，庶几乐岁无饥"的农业前景，发出"此可以常恃哉"的怀疑和担忧，提出"水利兴而旱潦有备"的水利思想 [1]。徐光启受其影响，天启年间（1621—1627）编成《农政全书》初稿，继续倡导西北水利，并提出重视荒政主张，"今西北之多荒芜者，患正坐此。内则关、陕、襄、郑、许、

---

[1]　徐贞明：《潞水客谈》，中华书局，丛书集成初编本。

洛、齐、鲁，外则朔方、五原、云、代、辽西，皆耕
地也。弃而芜之，专仰国输，国何得不重困？……水
利者农之本也，无水则无田也。水利莫急于西北，以
其久废也"。西北好多宜农土地，都弃耕，京师粮食
供应仰给东南，使国家面临着严重的区域经济发展不
平衡问题。他认为，荒政中，浚河筑堤为上策，设立
常平仓、通商为中策，赈济为下策。水利，既是农本，
又是荒政上策，农政、水利、荒政，正反映了徐光启
对西北干旱饥荒的解决方法。崇祯五年（1632）陕西
农民起义不久，他预感到，中原干旱及其社会影响的
严重性："中原之民不耕久矣，不耕之民，易以为非，
难与为善。"[1]农业劳作，日出而作，日入而息，只要
播种耕稼，一般来说，就会有收获，易于使人民生活
满足，易于使人心稳定、安静，而游手好闲者，易于
为非作歹，难以为善。几年后，方岳贡指出徐光启的
预见正确："书成逾岁，而中原大饥，榆皮木叶既尽，
甚则析骸食子，实有其事。……而数十年间，果用兵
不休，频年饥馑，始知文定公非过计也。"崇祯时陕西

---

[1]　徐光启：《农政全书·凡例》，岳麓书社，2002 年。

干旱，进而扩展到中原，人民衣食不足，食尽榆树皮、树叶等，又易子而食。而有辽东与后金之战，连年饥馑，才发现徐光启之思想主张，非常有必要。他感叹西北"全恃雨膏"农业的危机，婉惜西北水利的不能实现："余一睹《农书》，叹为救时良书，……在数十年之前，行文定公之法，东起辽左，西尽甘凉，因地势而相土宜，分军垦种，凿沟堑，远烽堠，九边皆有雄镇，何至胡马陆梁？"[1] 假设当时用徐光启之法，在北边开发农田水利，因地制宜，分军垦种，何至于战事不断？崇祯五年至十五年（1632—1642）黄河流域农业区出现持续 10—11 年的特大旱灾，并发生农民起义，证明徐贞明和徐光启之见解，远远走在时代前列。

中国历史上多江河之灾，以黄河为例，从周定王五年（前602）到 1938 年的 2540 年间，黄河下游有543 年发生决口，决口泛滥达 1593 次，重要改道 26次，大迁徙 6 次。明代史学家王圻，引述元代余阙的话，分析元以前黄河的平流和河患阶段，从大禹治水，

---

[1] 方岳贡：《农政全书·后序》，岳麓书社，2002 年。

到周定王五年前（前602）的"患可平"时期，自周定王五年河始南徙，至西汉的"西京受害特甚"期，"东都至唐河不为害者千数百年"的安流期，自"（北）宋时河又南决"加上"自宋室南渡至元始二百年而河旋北"共四百年的"河患"期。[1]他意识到河患与河道的迁徙摆动的关系：西汉时，河道"皆东北出青、冀之境，以达于海，自东汉历魏、晋、隋、唐以及宋初，并鲜河患。……隋唐以前，河自河，淮自淮，各自入海。宋中叶以后，河合于淮，以趋海矣。此古今河道迁徙不同之大略也。然前代河决不过坏民田庐而已，我朝河决，则虑并妨漕运而关系国计"[2]。这里指出黄河的安流与河患，都是基于余阙的分析，又加上王圻对明代河患的认识。从大禹治水到周定王五年，为安流时期；从周定王五年到西汉，为黄河河患期；从东汉到唐，千年安流期；从北宋到元代，河道北徙时期。即隋唐以前，河、淮，各自入海；宋中叶以后，河合于淮，趋于东海；而且由于黄河夺淮入海，又与运道相冲突，所以河患造成的灾害，更加严重，更加复杂。《续

---

[1] 王圻：《续文献通考》卷九《田赋考·黄河下》，中华书局，1986年。

[2] 王圻：《续文献通考》卷八《田赋考·黄河中》，中华书局，1986年。

文献通考》下限写到明万历，王圻对万历以前河道迁徙及其与河患关系之认识，基本符合黄河变迁史。

二、国家的防水治水职能

水环境条件，给民族生存发展带来了严峻挑战，水旱灾害始终制约着生产发展和社会稳定。白寿彝先生指出：防水治水是国家主要的社会职能，"（夏商周）国家政权执行的社会职能中，最突出的是防水治水及兴修水利工程。马克思曾对亚洲古代一些国家举办水利工程的职能详加讨论。他说：'气候和土地条件……使利用渠道和水利工程的人工灌溉设施成了东方农业的基础。节省用水和共同用水是基本的要求，这种要求……在东方由于文明程度太低，幅员太大，不能产生自愿的联合，所以就迫切需要中央集权的政府来干预。因此亚洲的一切政府不能不执行一种经济职能，即举办公共工程的职能。'马克思没有举出中国，但是水与中国古代社会的关系极密切，社会生产，国家治乱，人民生命财产安全，都受水的影响。因此，历代国家政权，无不努力发挥其社会职能，解决水的问题"[1]，并且制定和实施水利法规，来调整共同用水和节省用水。

"治水在国家职能中占有重要的地位，它不只包括河流湖泊的治理，还包括农田灌溉的措施"[2]，传说中夏禹是一个以治水闻名的英雄人物，"当尧之时，水逆行，泛滥于中国，龙蛇居之，民无所定；下者为巢，上者为营窟。《书》曰：'洚水警余'，洚水者，洪水也。使禹治之。禹掘地而注之海，驱龙蛇而放之菹；水由地中行，江、淮、河、汉是也。险阻既远，鸟兽之害人者消，然后人得平土而居之"[3]，保证了人民安居乐业，"夏禹治水而家天下，开辟了一个新的历史阶段。这个传说已足够说明治水在政治上的重要意义。"[4]两汉及宋元明清时期，非常重视治理黄河水患，汉武帝曾亲自到河决现场，率领随从人马，堵塞黄河决口。

[1] 白寿彝主编：《中国通史·导论卷》，上海人民出版社，1989年，第224页。

[2] 白寿彝：《白寿彝史学论集》上册，北京师范大学出版社，1994年，第369页。

[3] 《孟子》卷六《滕文公章下》，商务印书馆，四部丛刊本。

[4] 白寿彝：《白寿彝史学论集》上册，北京师范大学出版社，1994年，第369页。

清朝，康熙帝把河务作为三大政之一，几次亲赴浑河治理现场考察，提出上下游兼治的治河方略。封建国家委任有经验的水利专家指挥治河，投入了大量人力物力，明清在治黄、治淮、修复运河上，投入大量人力，花费了大量金钱，都收到了部分成效。

农田灌溉是国家社会职能的重要内容。禹尽力乎沟洫，水利和史学研究已证明《周礼》所叙匠人遂人制沟洫系统的真实性[1]，春秋战国时各国都很注意治水并兴修了不少水利工程，"孙叔敖起芍陂，则楚受其惠。……史起凿漳水于魏，则邺旁有稻粱之咏。郑国导泾于秦，则谷口有禾黍之谣"[2]。秦郑国渠成，"溉泽卤之地四万余顷，收皆亩钟，于是关中为沃野，无凶年，秦以富强，卒并诸侯。"[3]汉武帝重视修建灌溉渠："农，天下之本也。泉流灌浸，所以育五谷也。左右内史地，名山川原甚众，细民未知其利，故为通沟渎，

---

[1] 汪家伦、张芳：《中国农田水利史》，农业出版社，1990年，第49—50页；晁福林：《夏商西周的社会变迁》，北京师范大学出版社，1996年，第270—275页。

[2] 章潢：《图书编》卷一二五《论浚渠筑堰》，台湾商务印书馆影印文渊阁四库全书。

[3] 《史记》卷二九《河渠书》，中华书局1959年点校本。

畜陂泽，所以备旱也。……令吏民勉农，尽地力，平
徭水土"，各地修建了许多灌溉渠[1]。北宋王安石《农
田水利法》实施后出现了兴修水利高潮，中期后各地
修建水利工程上万处。元世祖非常关心水利，"农桑
之术，以备旱为先，凡河渠之利，委本处正官一员，
以时浚治，或民力不足者，提举官相其轻重，官为导
之。地高水不能上者，命造水车，贫不能造者，官
具材木给之。俟秋成之后，验使水之家，俾均输其
值。田无水者凿井，井深不能得水车者,听种区田。"[2]
所以元初水利事业，有声有色。明太祖"诏所在有司，
民以水利条上者，即陈奏"，遣国子生到各地督修水
利，洪武末开塘堰近五万处，治河四千处，修复陂渠
堤岸五千多处。"嗣后有所兴筑，或资邻封，或支官料，
或采山场，或农隙鸠工，或随时集事，或遣大臣董事，
终明世水政屡修"[3]。有些地方官懂得"生民之本计
在农，农夫之命脉在水""政莫善于养民，养民莫大

---

[1] 《汉书》卷二九《沟洫志》，中华书局1962年点校本。

[2] 《元史》卷九三《食货志一》，中华书局1976年点校本。

[3] 顾炎武：《日知录》卷一二《水利》，上海古籍出版社，2012年；《明史》
卷八八《河渠志六》，中华书局1974年点校本。

于水利"[1]。所以历代有不少重视兴修水利的循吏良吏。
"中国封建社会国家兴办的水利工程……大多数是治
理水害，或变水害为水利。……中国封建社会的生产
主要是农业与家庭手工业相结合的自然经济。广大的
小农从事个体经营，一家一户就是一个生产单位，抵
抗不了水旱之灾，……国家兴办水利工程，治水防水，
对发展农业生产有重大意义"[2]。

由于私有制和水资源有限，必然出现用水矛盾，
"人心所见既不同，利害之情又有异。军家之与郡县，
士大夫之与百姓，其意莫有同者"[3]，因此调整共同用
水和节约用水成为封建国家重要的统治职能，水利法
规的制订和实施就是表现之一。先秦"没有强有力的
统一政权，不能调整共同用水"[4]，自从秦建立了专制
主义的封建国家，各项水利法规逐步建立起来，西汉

[1] 虞祖尧等主编：《中国古代经济著述选读》，吉林人民出版社，1985年，第443页。

[2] 白寿彝主编：《中国通史·导论卷》，上海人民出版社，1989年，第225—226页。

[3] 《晋书》卷二六《食货志》，中华书局1974年点校本。

[4] 白寿彝主编：《中国通史 第一卷 导论》，上海人民出版社，1989年，第225页。

倪宽为左内史"开六辅渠，定水令以广溉田"，召信臣在南阳兴修水利"为民作水约束，刻石立于田畔，以防纷争"[1]，都是较早的用水法规。唐朝《水部式》是中国第一部系统的水利法规，规定设渠长斗长调节用水，置闸门控制流水量，不得抬高上游水位，先期统计需灌溉面积，灌田先下游后上游、先水稻后旱作，渠道末端先用水，这些规定及其执行，对于调整共同用水、调解用水纠纷，充分利用水资源起到了良好作用。元明都有泾渠用水法规。封建国家在调节流域内农民共同用水和节药用水方面发挥了作用。

典志体史书反映了国家职能的执行情况，从宋元以后水利书的繁富，可以看出，宋、元、明、清加强其治水职能的趋势。元以前，只有《史记·河渠书》和《汉书·沟洫志》两部水利专史。沈约《宋书·志序》说汉代河决之患，国家筑堤之功，漳釜郑白之饶，沟渠灌溉之利，"沟洫立志亦其宜也，世殊事改于今可得而略"，国家没有大规模治水，也就没有水利专史。宋、元、明、清国家积极治水，《宋史》《金史》《元史》

---

[1] 《汉书》卷八九《循吏传》，中华书局 1962 年点校本。

《明史》《清史稿》都有《河渠志》。王圻认为"水利乃
国家大政，而水利之最巨者，在北莫如黄河，在南莫
如震泽，前考皆未备，今别述黄河、太湖二考，附水
利田之后，俾在事者得以按迹而图揆。……海滨江湖
流经各郡县境，或资灌溉，或通漕挽，或作地险，不
可漫无记录，因作河渠考以附黄河、太湖考之后"（凡
例），所以《续文献通考》比《文献通考》增加了黄河考、
太湖考、河渠考。自宋元以降，论治河、漕运、水利
史的著作逐渐增多，至明代尤为明显地呈发展趋势，[1]
明清水利专著有三百种，多数是治河漕运书，治河书
多兼及漕运[2]。宋元明清时期出现的大量东南水利书和
西北水利书，说明宋以后国家治水职能的地区化发展
特点。《河渠书》在宋、元、明、清的恢复，《续文献
通考》水利史门类的增加、治河书水利书数量的繁富、
地区水利书的出现，反映了宋、元、明、清时期，国
家加强了其防水治水职能的趋势。水利书总结了国家
去水害兴水利的经验教训，《元史·河渠志》说："水

---

[1] 瞿林东：《中国史学散论》，湖南教育出版社，1992年，第247页。
[2] 姚汉源：《中国水利史纲要》，水利电力出版社，1987年，第567—568页。

为中国患尚矣。知其所以为患，则知其所以为利，因其患之不可测，而能先事而为之备，或后事而有其功，斯可谓善治水而能通其利也。"这是通论。水利书有益于国家更好地发挥其治水职能，汉明帝让王景治河时，给他《山海经》《河渠书》《禹贡图》三种书；明夏原吉、周忱修吴江水利，采纳宋单锷《吴中水利书》的意见，海瑞修三吴水利，仿效归有光水利论。这都说明水利书，既反映了国家防水治水职能的执行情况，反过来又有益于国家发挥其防水治水职能。

三、水利与中国历史特点

白寿彝先生重视研究中国历史特点，1989年白先生又提出从多方面、多层次研究中国历史特点，给我们很大的启发。白先生说："如果要对于中华民族有比较深刻的理解，我们还必须对中国历史的特点进行认真的探索，才能逐步地解决问题"，治水和等级制"都表现为中国历史上的特点，也都是可以同现实联系起来的问题。历史工作者可以从现实的接触中加深自己对这些问题的理解，做具体工作的人也可以从历史的回顾中扩大视野，增进自己的历史感和时代感。我们对于这些问题的研究，是既富于理论意义，也富于现实意义的"[1]今天中国面临着水危机，水旱灾害造成的损失超过以往任何时期，白先生的观点更具有独特的意义。

从水利方面看，中国历史的显著特点，一是，水利与国家盛衰有关。杜佑说，"商鞅佐秦，诱三晋人发秦地利……百人则五十人为农，五十人习战。……秦开郑渠，溉田四万顷，汉开白渠，复溉田四千五百余顷，关中沃衍，实在于斯"，而唐安史之乱后"百人方十人为农，十人习战，其余皆务他业。……圣唐永徽中，两渠所溉唯万许顷。洎大历初，又减至六千二百余顷，比于汉代，减三万八九千顷。每亩所减石余，即仅校四五百万石矣。地利损耗既如此，人力分散又如彼，欲求富强，其可得乎？"[2]这是从农业劳动者数量、农田水利、粮食产量角度，来评论关中

---

[1] 白寿彝：《白寿彝史学论集》上册，北京师范大学出版社，1994年，第368—369页。

[2] 杜佑：《通典》卷一七四《州郡四》，北京图书馆出版社2006年影印本。

灌溉农业，在秦汉和唐国家盛衰中的作用。顾炎武对唐朝天宝前后水利与国家盛衰关系之认识，与杜佑相似：河渠"大抵在天宝以前者居十之七，岂非太平之世，吏治修而民隐达，故常以百里之官而创千年之利，而河朔用兵之后，则以科催为急，而农功水道，有不暇讲求者。"[1] 水利使民殷国富，国家稳定才能兴修水利。任仁发认为，吴越南宋"二三百年之间水患罕见"，是因为吴越和南宋"全籍苏湖常秀数郡所产之米，以为军国之计。当时尽心经理，使高田低田各有制水之法"（《水利集》）。这是古代学者对水利与国家盛衰的认识。水利兴废与国家兴亡有关，1936年冀朝鼎说："农业，特别是灌溉耕作事业，是一种居于领导地位的事业，在这一时期中，农业生产又要依赖于由国家兴办与维修的各类水利工程所发挥的特有作用。"[2] 1977年美国人类学者马文·哈里斯指出："贫困化和王朝的崩溃往往和水利系统的毁坏和失修密不可分。社会第一要务就是修复水利基础设施。这个任务要靠新王朝去

---

[1] 顾炎武:《日知录》卷一二《水利》，上海古籍出版社，2012年。

[2] 冀朝鼎:《中国历史上的基本经济区与水利事业的发展》，中国社会科学出版社，1989年，第118页。

完成，它这样做并非出于利他动机，而是为了最大限度地推进自己的政治经济利益。"[1] 历朝前期出台许多重视农政、水利举措以恢复农业生产条件，农民起义总是发生于中后期。农民起义和社会政治动乱，与水利发展的阶段性大体一致。

二是，区域水利发展重点与经济重心转移的关系。冀朝鼎在《中国历史上的基本经济区与水利事业的发展》中提出基本经济区及其转移的问题，黄土地区与黄河中游是两汉的基本经济区。三国晋南北朝时期，基本经济区由黄河流域向长江流域转移。隋唐宋元明清，长江流域在经济上居统治地位。"国家机器，总是把治水活动作为政治斗争的一种经济武器和发展与维护基本经济区的一种主要手段"[2]。

经济区的形成与转移，是以具有地区特点的水利发展与转移为前提条件的。在全国各地区水利工程总数中，北方的陕豫晋冀水利工程所占比例，在汉、隋唐和宋，分别为 81%、41%、6%；苏浙闽赣皖川

---

[1] 马文·哈里斯：《文化的起源》，华夏出版社，1988 年，第 168 页。

[2] 冀朝鼎：《中国历史上的基本经济区与水利事业的发展》，中国社会科学出版社，1989 年，第 118 页。

水利工程所占比例在以上各时期分别为 12%、45%、69% [1]。汉代郑白渠能"衣食京师亿万之口。"[2] 唐玄宗开元时裴耀卿有"秦中地狭收粟不多倘遇水旱便即匮乏"之忧虑，天宝中每年漕运江南 250 万石粮食。宋太宗太平兴国六年（981）规定，每年漕运江淮粮 400 万石，占输往京师粮食的 72%。元天历元年北方岁入占全国的 42%，南方占 54%；明万历六年北方地区赋税占全国的 38%，南方占 55% [3]，南北水利工程的消长，与首都的粮食基地、南北赋税的消长同步。

三是，随着唐宋以后运河漕运之利和东南灌溉之利的发展，元明清时期出现了反对运河漕运、提倡西北水利的民生思想，我在《明中后期至清初江南学者和官员的民生思想与实践》和《明中期以来江南学者的"是非"之论》等文中多次谈到这个问题 [4]，但没有集

---

[1]　据上引冀朝鼎书第 36 表，再统计而来。

[2]　《汉书》卷二九《沟洫志》，中华书局 1962 年点校本。

[3]　据《通典》卷一〇《食获十》、《宋史》卷一七五《食货志上三》、《元史》卷九三《食货志》、《明会典》卷二五《户部十二》统计。

[4]　拙论另见《史学论衡》（三），北京师范大学出版社，1998 年；《苏州大学学报》1998 年 2 期。

中论述。本文再略说几句。元明清通过运河漕运江南
粮食到北京，漕粮及运输费用使江南负担很重，江南
民生问题很突出，于是，在江南学者和官员中，逐渐
出现了提倡发展西北水利的思想，反对国家政策放任
西北荒废、依赖江南、严重浪费运河沿途可用以灌溉
的水资源，旨在解决江南民生问题和西北荒废问题，
这表现在虞集、郑元祐、丘濬、郑若曾、归有光、徐
贞明、冯应京、徐光启、方岳贡、张国维等人的思想
中，到顾炎武、黄宗羲就发展为以反对朝廷对江南经
济掠夺为内容的反专制主义中央集权的思想，陆世仪
说："会通河全是人力做成，使水节节就制而为我用，
功亦伟矣。然当时臣工，何不移此心力，共成西北水利，
而顾为此以困东南，大巧反为大拙。"[1] 龚自珍痛心于
国家"不论盐铁不筹河，独倚东南涕泪多。"道光时才
停止漕运实行海运。中国历史上江南地区出现的不满
乃至反对运河漕运，提倡发展西北水利和恢复海运的
民生思想，是历史特点在思想史上的反映。

从水利方面看，中国历史的第四个和第五个特点

---

[1] 杨向奎：《清儒学案新编》（一），齐鲁书社，1985年，第624页。

分别是农田水利缓解了新增人口的粮食需求，而水利的发展又伴随着生态环境的恶化。人口增长，导致人均耕地减少，部分人口处于粮食短缺状态。战国时秦的地广人稀，能吸引地狭的三晋农民。汉代郑白渠能"衣食京师亿万人口"。唐有"秦中地狭收粟不多"之忧。南宋江浙闽"户口烦夥，无地可种、无田可耕。"[1]明万历时南昌"总计田五万顷仅养于百万有奇，是常有百万口无养"[2]。清嘉庆时，人均耕地 2.19 亩，每户不超过 10 亩，[3] 实际"一人一岁之食约得四亩"[4] 才能维持温饱。社会贫困越来越严重，崇祯五年（1632），徐光启感到贫困问题的严重："不勤五谷，宜其贫也日甚。……自今以往国所患者贫。"[5]康熙时唐甄说："清兴五十余年矣，四海之内日益困穷。……年谷屡丰而

[1] 汪家伦、张芳：《中国农田水利史》，农业出版社，1990 年，第 14 页。

[2] 章潢：（万历）《新修南昌府志》卷七《户部起存盐钞》，书目文献出版社，1991 年影印本。

[3] 关于清代人均耕地数，参见孙达人：《中国农民变迁论》，中央编译出版社，1996 年，第 107、154 页。

[4] 洪亮吉：《洪北江诗文集》卷一《洪北江先生年谱》，商务印书馆，四部丛刊本。

[5] 徐光启：《农政全书·凡例》，岳麓书社，2002 年。

无生之乐。"[1]雍正三年（1725），雍正皇帝说："户口日增生齿日繁，而直省之内，地不加广。……米价遂觉渐贵……良由地土之所产如旧，而民间之食指愈多，所入不足以供出，是以米少而价昂。"[2]农田水利缓解了新增人口的粮食需求。南宋时，西北流寓之人，遍满江浙闽广，东南沿湖沿海及丘陵地区圩田、围田、梯田、塘坝、涂田得到开发。明朝移民开发了长江中游两湖平原农田水利[3]。

水利发展，伴随着生态环境恶化，所谓人与水争地为利，水必与人争地为殃。每次水利大发展时期，就是生态环境恶化和黄河河患相对频繁的时期。春秋战国——水利初步发展、生态环境良好、黄河第一个相对安流时期。秦汉——黄河流域水利大发展、生态环境第一次恶化、黄河河患相对频繁。魏晋南北朝隋唐五代——水利发展重点由黄河流域向江淮流域转移、黄河进入第二个相对安流期、北方生态环境相对

---

[1] 唐甄：《潜书》下篇上《存言》，清康熙刻本。

[2] 鄂尔泰：《授时通考》卷四八《劝课》，清道光二十六年刻本。

[3] 张国雄：《明清时期两湖移民》，陕西人民教育出版社，1995年，第183页。

恢复期。宋元明清——农田水利向东南沿海珠江流域及全国普遍发展、黄河进入第二个河患相对频繁期、生态环境第二次恶化及严重恶化[1]。水利使东南环境恶化，东晋杜预说："陂多则土薄水浅，潦不下润。故每有水雨，辄复横流，延及陆田"，于是建议减少陂塘。[2]南宋卫泾说："三十年间，昔之曰江曰湖曰草荡者，今皆田也。……围田一兴，修筑塍岸，水所由出入之路顿至隔绝，稍觉旱干则占据上游，独擅灌溉之利，民田坐视无从取水；逮至水溢，则顺流疏决，复以民田为壑。"[3]马端临说："大概今之田，昔之湖也。徒知湖之水，可以涸以垦田，而不知湖外之田，将胥而为水也。主其事者，皆近倖权臣，是以邻为壑，利己困民皆不复问。"[4]顾炎武认为"吾无容水之地，而非水据吾之地也。……北有临清，中有济宁，南有徐州，皆转漕要

[1] 水利史分期依姚汉源《中国水利史纲要》；生态环境史分期依袁清林《中国环境保护史话》，中国环境科学出版社，1990年，第87—95页；黄河安流与河患期，参见王圻《续文献通考》卷八《黄河中》、卷九《黄河下》和史念海《河山集二集》，山西人民出版社，1963年，第363页的见解。

[2] 《晋书》卷二六《食货志》，中华书局1974年点校本。

[3] 鄂尔泰：《授时通考》卷一二《土宜》，清道光二十六年刻本。

[4] 马端临：《文献通考》卷六《田赋考六·水利田》，中华书局，1986年。

路，而大梁在西南，又宗藩所在，左顾右盼，动则掣肘，使水有知，尚不能使之随吾意，况水无情物也。……河政之坏也，起于并水之民，贪水退之利，而占佃河旁淤泽之地；不才之吏，因而籍之于官，然后水无所容，而横决为害"[1]。至于垦荒造成的水土流失，也曾使明清封山禁山，但生存问题，比保护环境更重要，恶化了的生态又制约着生产。有学者指出，清代粮食亩产下降，除政治因素外，"最基本的真正长期性的因素是，农业生产的经济条件之恶化，而这一类经济因素中，最主要的是生态环境之恶化，以致影响到粮食生产及土地质量"[2]，信非虚言。

四、余论

人们往往重视劳动者和工具的作用，而忽视劳动对象的价值，把自然资源看作是没有价值和静止不变的。土地、可用水资源、草地森林等不是常数，从来没有在任何地区，长期保持固定不变的状态。回顾水

[1] 顾炎武：《日知录》卷一二《河渠》，上海古籍出版社，2012年。

[2] 赵冈等：《清代粮食亩产研究》，中国农业出版社，1995年，第128页。

利史，可以得出两个结论。

一是中国文明的连续发展，在于最充分地利用有限的水土资源，"中国文明发展连续性的实质，……在于中国文明具有的不断的自我更新、自我代谢的能力"[1]。这种自我更新能力，是不断地开发新的水土资源以满足人口的需要的能力。20世纪50年代美国两位学者从人类与表土关系出发，对人类历史上20多个古代文明地区的兴衰过程进行探讨，得出结论："文明人从未能在一个地区内持续进步长达30—60代人以上（即800—2000年）。……他们的文明在一个相当优越的环境中，经过几个世纪的成长与进步之后，就迅速地衰落、覆灭下去，不得不转向新的土地，其平均生存周期为40—60代人"。尼罗河流域、美索不达米亚和印度河流域是例外。[2]从五千年时间尺度上讲，中国文明是持续发展的，是以农业经济区转移为基础的，它包括人口、水利工程、农作耕作制度在新地区

---

[1] 白寿彝主编：《中国通史·导论卷》，上海人民出版社，1989年，第359页。

[2] 〔美〕弗·卡特、汤姆·戴尔著，庄崚、鱼珊玲译：《表土与人类文明》，中国环境科学出版社，1987年，第4页。

的发展。伊懋可说："中国经济经历了几千年历程，事实上它在一段时期中相当出色，因为中国人掌握了新的技术技巧，如相当复杂的水稻农业技术；因为它持续不断地开发了新的土地资源，如 17 世纪后期对台湾的开发，19 世纪早期对大西南的开发，20 世纪早期对辽河流域以外东北的开发，所以中国经济在中世纪的中间几个世纪里，完全处于世界领先地位。"[1] 文明的连续性、自我更新能力、不断地开发利用水利资源，值得我们自豪。

二是几千年来，先民开发了西北和黄河中下游平原，开发了长江中下游，开发了珠江三角洲，开发了大西南，开发了台湾，开发了东北，下个世纪后代子孙将到哪里去开发？现在我国人均耕地、林地、草场面积只有世界人均水平的 1/8 到 1/2。人均水资源不到世界平均水平的 1/4，排在世界第 88 位，全国有 300个城市缺水，农村有 8000 万人缺乏饮用水；北方，人均水占有量只有世界的 1/20，耕地每亩平均水资源占

---

[1] Mark Elvin：*Three Thousand Years of Unsustainable Growth：China's Environment：From Archaic Times To The Present，East Asian History，*6，1993.

有量仅为全国平均的 1/10，水资源开发已达 70％。[1]
为了使将来生活环境更好，我们首先必须认识到，生活环境为什么会是现在这个水平，必须对历史的进步有辩证认识，以往的发展模式，即用尽现有土地，再转移到新地区，去开垦水土资源的方式，再也不应该继续下去了，必须保护现有资源，并根据已有资源，计划未来，计划人口增长和生产发展。把水利与中国历史和现实结合起来，就不仅能加深对历史的理解，也对认识国情、把握未来有意义。

[1] 冯长根：《水资源的形势和对策》，见中共北京市委组织部等编：《叩响高新技术之门——21 世纪领导者科技知识读本》，北京出版社，1999 年，第 84—93 页。

参考文献

一、历史文献

[1] 《史记》，中华书局 1959 年点校本。

[2] 《汉书》，中华书局 1962 年点校本。

[3] 《宋史》，中华书局 1977 年点校本。

[4] 《元典章》，古籍出版社 1957 年刻本。

[5] 《元史》，中华书局 1976 年点校本。

[6] 《明史》，中华书局 1974 年点校本。

[7] 《明实录》，中华书局 2016 年影印本。

[8] 赵尔巽主编：《清史稿》，民国（1912—1919）铅
印本。

[9] 白居易著，顾学颉校点：《白居易集》，中华书局，
1979 年。

[10] 欧阳修：《文忠集》，台湾商务印书馆影印文渊

阁四库全书。

［11］ 宋敏求:《长安志》,台湾商务印书馆影印文渊
阁四库全书。

［12］ 李好文:《长安志图》,清经训堂丛书本。

［13］ 王祯:《农书》,清光绪二十五年广雅书局刻武
英殿聚珍版丛书本。

［14］ 司农司:《农桑辑要》,清武英殿聚珍版丛书本。

［15］ 赵承禧:《宪台通纪》劝农司复并入按察司,浙
江古籍出版社 2002 年。

［16］ 郑元祐:《侨吴集》,台湾商务印书馆影印文渊
阁四库全书。

［17］ 许有壬:《至正集》,台湾商务印书馆影印文渊
阁四库全书。

［18］ 许有壬:《圭塘小稿》,台湾商务印书馆影印文
渊阁四库全书。

［19］ 柳贯:《待制集》,台湾商务印书馆影印文渊阁
四库全书。

［20］ 胡祗遹:《紫山大全集》,台湾商务印书馆影印
文渊阁四库全书。

［21］ 钱惟善:《江风松月集》,台湾商务印书馆影印

文渊阁四库全书。

[22] 余阙:《青阳集》,台湾商务印书馆影印文渊阁
四库全书。

[23] 宋褧:《燕石集》,台湾商务印书馆影印文渊阁
四库全书。

[24] 王恽:《秋涧集》,台湾商务印书馆影印文渊阁
四库全书。

[25] 吴莱:《渊颖集》,商务印书馆,四部丛刊本。

[26] 揭傒斯:《文安集》,台湾商务印书馆影印文渊
阁四库全书。

[27] 杨维桢:《东维子集》,台湾商务印书馆影印文
渊阁四库全书。

[28] 虞集:《道园学古录》,商务印书馆,四部丛刊本。

[29] 陈基:《夷白斋稿》,上海书店,四部丛刊三编本。

[30] 苏天爵撰:《元名臣事略》,台湾商务印书馆影
印文渊阁四库全书。

[31] 苏天爵编:《元文类》,商务印书馆,1958年。

[32] 贡师泰:《玩斋集》,台湾商务印书馆影印文渊
阁四库全书。

[33] 马端临:《文献通考》,中华书局,1986年。

［34］ 吴师道:《礼部集》,台湾商务印书馆影印文渊
阁四库全书。

［35］ 王沂:《伊滨集》,台湾商务印书馆影印文渊阁
四库全书。

［36］ 姚燧:《牧庵集》,台湾商务印书馆影印文渊阁
四库全书。

［37］ 宋禧:《庸庵集》,台湾商务印书馆影印文渊阁
四库全书。

［38］ 陈旅:《安雅堂集》,台湾商务印书馆影印文渊
阁四库全书。

［39］ 蒲道源:《顺斋先生闲居丛稿》,北京图书馆出
版社,2005年。

［40］ 赵汸:《东山存稿》,台湾商务印书馆影印文渊
阁四库全书。

［41］ 王圻:《续文献通考》,中华书局,1986年。

［42］ 郑若曾:《郑开阳杂著》,台湾商务印书馆影印
文渊阁四库全书。

［43］ 郑若曾:《江南经略》,台湾商务印书馆影印文
渊阁四库全书。

［44］ 邵宝:《容春堂集》,台湾商务印书馆影印文渊

阁四库全书。

［45］ 王琼:《漕河图志》,台湾商务印书馆影印文渊
阁四库全书。

［46］ 谢纯:《漕运通志》,明嘉靖七年杨宏刻本。

［47］ 叶子奇:《草木子》,中华书局,1959年。

［48］ 陈子龙编:《明经世文编》,中华书局,1962年。

［49］ 王在晋:《通漕类编》,学生书局影印明崇祯刊
本,1973年。

［50］ 归有光:《震川先生集》,上海古籍出版社1981
年点校本。

［51］ 归有光:《震川先生别集》,清末石印本。

［52］ 唐顺之:《与莫子良论学书》,《荆川文集》,台
湾商务印书馆,1985年。

［53］ 申时行:《明会典》,中华书局,1989年。

［54］ 陆釴:《山东通志》,明嘉靖刻本。

［55］ 徐贞明:《潞水客谈》,畿辅河道水利丛书本。

［56］ 徐光启:《农政全书》,岳麓书社,2002年。

［57］ 徐光启:《徐光启全集》,中华书局,1963年。

［58］ 王夫之:《读通鉴论》,中华书局1975年点校本。

［59］ 王鏊:《姑苏志》,商务印书馆,2013年。

［60］ 英廉等编:《钦定日下旧闻考》，清乾隆武英殿刻本，1788年。

［61］ 黄宗羲:《明夷待访录》，中华书局1981年点校本。

［62］ 陆世仪:《思辩录辑要》卷一五《治平类》，台湾商务印书馆影印文渊阁四库全书。

［63］ 顾炎武:《日知录》，《顾炎武全集》，上海古籍出版社，2012年。

［64］ 顾炎武:《天下郡国利病书》，《顾炎武全集》，上海古籍出版社，2012年。

［65］ 顾嗣立:《元诗选》，台湾商务印书馆影印文渊阁四库全书。

［66］ 昆冈等修:《钦定大清会典事例》，台湾商务印书馆影印文渊阁四库全书。

［67］ 何塘:《柏斋集》，台湾商务印书馆影印文渊阁四库全书。

［68］ 永瑢等:《四库全书简明目录》，华东师范大学出版社，2012年。

［69］ 许承宣:《西北水利议》，中华书局，丛书集成初编本。

［70］ 纪昀总纂:《四库全书总目提要》,河北人民出版社,2000年。

［71］ 章学诚:《永清县志》,乾隆四十四年刻本。

［72］ 吴邦庆:《畿辅河道水利丛书》,农业出版社,1964年。

［73］ 潘锡恩编:《畿辅水利四案》,道光三年刻本。

［74］ 贺长龄、魏源编:《清经世文编》,中华书局,1992年。

［75］ 林则徐:《林则徐集》,中华书局,1962—1965年。

［76］ 龚自珍:《龚自珍全集》,上海人民出版社,1975年。

［77］ 魏源:《魏源集》,中华书局,2009年。

［78］ 冯桂芬:《显志堂集》,清光绪二年刻本。

［79］ 冯桂芬:《校邠庐抗议》,中州古籍出版社,1998年。

［80］ 盛康、盛宣怀编,葛士濬辑:《皇朝经世文续编》,上海图书集成局清光绪十四年铅印本。

二、近人今人著作

［1］ 郭正忠:《三至十四世纪中国的权衡度量》,中国

社会科学出版社，1993 年。

［2］ 侯外庐主编:《中国思想通史》，人民出版社，1957 年。

［3］ 王毓瑚校注:《王祯农书》，农业出版社，1981 年。

［4］ 刘石吉:《明清时代江南市镇研究》，中国社会
科学出版社，1984 年。

［5］ 缪启愉:《太湖塘蒲汗田史研究》，农业出版社，
1985 年。

［6］ 缪启愉:《元刻〈农桑辑要〉校释》，农业出版社，
1988 年。

［7］ 陈文华:《中国古代农业技术史图谱》，农业出
版社，1991 年。

［8］ 陈高华:《中国史稿》，人民出版社，1983 年。

［9］ 韩儒林主编:《元代史》，人民出版社，1983 年。

［10］ 吴慧:《中国历代粮食亩产研究》，农业出版社，
1985 年。

［11］ 李干:《元代社会经济史稿》，湖北人民出版社，
1985 年。

［12］ 白寿彝主编:《回族人物志·元代》，宁夏人民
出版社，1985 年。

［13］ 王毓铨、刘重日、郭松义、林永匡:《中国屯垦

史》下册，农业出版社，1991 年。

［14］ 梁家勉主编:《中国农业科学技术史稿》，农业出版社，1992 年。

［15］ 吴宏岐:《元代农业地理》，西安地图出版社，1997 年。

［16］ 王培华:《元明北京建都与粮食供应——略论元明人们的认识与实践》，北京出版社，2006 年。

［17］ 何兹全:《中国古代社会》，北京师范大学出版社，2007 年。

［18］〔美〕弗·卡特、汤姆·戴尔，庄崚、鱼珊玲译:《表土与人类文明·序》,中国环境科学出版社,1987 年。

［19］ 曲格平等执笔:《中国自然资源保护纲要》，中国环境科学出版社，1987 年。

三、近人今人论文

［1］ 师道刚:《从三部农书看元代的农业生产》,《山西大学学报(哲社版)》1979 年第 3 期。

［2］ 余也非:《中国历代粮食平均亩产量考略》,《重庆师范学院学报》1980 年第 3 期。

［3］ 邹逸麟:《山东运河地理问题初探》,《历史地理》,

1981 年。

［ 4 ］ 邹逸麟:《从地理环境的角度考察我国运河的历史作用》,《中国史研究》1982 年第 3 期。

［ 5 ］ 张沁文:《谈有机旱作农业战略》,《农业考古》1982 年第 2 期。

［ 6 ］ 史念海:《中国古都形成的因素》,《中国古都研究（第 4 辑）》,浙江人民出版社, 1989 年。

［ 7 ］ 蓝勇:《从天地生综合角度看中华文明东移南迁的原因》,《学术研究》1995 年第 6 期。

［ 8 ］ 陈贤春:《元代粮食亩产探析》,《历史研究》1995 年第 4 期。

［ 9 ］ 陈贤春:《元代农业生产的发展及其原因探讨》,《湖北大学学报（哲学社会科学版）》1996 年第 3 期。

［ 10 ］ 李伯重:《"道光萧条"与"癸未大水"》,《社会科学》2007 年第 6 期。

后 记

　　我研究元代农业与水利，始于20世纪90年代。为完成北京市和教育部的科研任务，我在北京师范大学图书馆的港台阅览室，直接看台湾商务印书馆影印的文渊阁四库全书中的元人文集，抄录一些资料。图书馆的工作人员，允许我进到书库，拿书出来看。我抄录了很多资料。有此基础，我在多年后，幸运地研究整理了几篇文章，并且得到相关刊物主编责编的厚爱，予以发表。文章发表后，各地研究生在研究相关问题时，都能正常规范地引用我的论文，给了我一些小小的自得；倒是北京有一二位著名教授，抄袭上述我的研究成果（不限于上述研究成果，还包括关于清代河西走廊水利纠纷和分水制度的论著），不标注引文。我开始愤愤不平，觉得我费那么多功夫，那么多年，才写出几篇论文，即使一句话，也是花了好多考证功夫，所谓无一字无来处。你们二位，各自以一己之力，独立写成好几大本，或者一大本厚书，究竟是怎么搞出来的？其中，我知道的，就有抄袭自我书或文章的内容。学术界其他人的成果，是否被你们抄袭，只有原作者本人才能看出来。后来，我觉得，人家抄袭我的论文，是看得上我的文章、赞同我的一些观点。如果我做得不好，人家也不见得会抄袭。这岂不是多了些"志同道合"的朋友？这么一想，也就释然了。

书中大部分篇章，以前都发表过，此次都有较大修改完善。此次，在前人研究的基础上，又考证元代大都城司农司和都水监的位置，对前人论点细化、补充和完善。其中涉及大都城原中书省的位置，因为元人说到凤池坊，往往说在旧省前、北省南，所以，一定要先清楚旧省、北省的位置。原中书省在北城六铺炕地区，司农司三迁的位置，即北省旧吏部、蓬莱坊王同知宅、时雍坊丞相伯颜府第丽春楼，距离北京师范大学，不过2—6公里的距离，元大都西土城、北土城遗址，就在不远处，而都水监、双清亭所在的积水潭区域，更是距离北京师范大学很近，我们脚下的地理空间，并没有超出元朝大都城的西墙和北墙。我在以上这些问题上，花了很多时间，有点流连忘返的样子。但是限于时间和水平，目前只能考证到这个地步。研究中也有一些问题不能解决，如宋褧从金城坊到国史院必经的安济桥，北省西的白云楼等。而且，即使我认为解决或有进展的问题，今安德路六铺炕是元中书省六部堂，元朝斜街西北的桥可能是会通桥，许有壬词中的天桥是海子桥，也许将来会有新文献、新考证或考古发现，验证我的研究。在研究中，遇有疑难，多次请教北京市水利史专家蔡蕃先生，并与他讨论。同时，也请教北京社科院历史所专家尹钧科先生、孙冬虎先生、王岗先生。特此，向上述几位先生致谢。

再，地学部苏筠教授的研究生陶乐同学，根据我的研究和要求，在侯仁之先生主编《北京历史地图集》51 页元大都图（至正年间）的基础上，绘制了一张示意图，把从元初到至正期间，原中书省（北省、旧省）、双清亭、望海亭、望海湖、会通桥的位置标注出来。把不同年代的官署等，放在一张示意图上，不见得对，只是为说明问题而已。

后 记

　　本次整理工作，还得到刘玉峰老师、研究生马云、本科生褚邈的帮助，刘玉峰老师既仔细、认真、负责，又有学识见解，往往能提出中肯的意见和建议，特此向以上各位老师和同学致谢！并且向北京师范大学图书馆的相关人员致谢！

王培华

2019 年 6 月 25 日记于北京师范大学图书馆